── 世界高端文化珍藏图鉴大系 ──

华丽蜕变

钻石·宝石·水晶

DIAMOND GEM ROCK CRYSTAL

形成、开采加工与成品

伊记/编著

新世界出版社

图书在版编目（CIP）数据

华丽蜕变：钻石·宝石·水晶形成、开采加工与成
品 / 伊记编著 . -- 北京：新世界出版社，2014.1

ISBN 978-7-5104-4814-0

Ⅰ . ①华… Ⅱ . ①伊… Ⅲ . ①宝石—研究 Ⅳ .
① TS933

中国版本图书馆 CIP 数据核字 (2014) 第 007972 号

华丽蜕变：钻石·宝石·水晶形成、开采加工与成品

作　　者：伊　记

责任编辑：张　帆

责任印制：李一鸣　黄厚清

出版发行：新世界出版社

社　　址：北京西城区百万庄大街 24 号（100037）

发 行 部：（010）6899 5968　　（010）6899 8733（传真）

总 编 室：（010）6899 5424　　（010）6832 6679（传真）

http：//www.nwp.cn

http：//www.newworld-press.com

版 权 部：+8610 6899 6306

版权部电子信箱：frank@nwp.com.cn

印　　刷：山东鸿杰印务集团有限公司

经　　销：新华书店

开　　本：787×1092　1/16

字　　数：240 千字

印　　张：18

版　　次：2014 年 4 月第 1 版　2014 年 4 月第 1 次印刷

书　　号：ISBN 978-7-5104-4814-0

定　　价：100.00 元

华丽蜕变

钻石·宝石·水晶形成、开采加工与成品

前 言
FOREWORD

宝石在广义上泛指一切美丽而珍贵的石料，钻石和水晶都属于宝石，本书中所讲的内容主要是钻石、宝石、水晶等的形成、开采以及加工等。众所周知，钻石、宝石和水晶历来都是人们心目中可望而不可即的珍品，它们是大自然孕育的精华，集万千宠爱于一身。它们的质地晶莹剔透，具有坚硬耐久、稀少、色彩瑰丽的特性。

长期以来，钻石、宝石和水晶被赋予了丰富的内涵。这些美丽的晶体，包容了世间的万千景致，不管是生活在哪个国家的人们，尽管生活习惯有所不同，但是对于这些珍贵宝石的喜爱、欣赏和应用却有着惊人的相似之处。

宝石的熠熠光辉在人为的琢磨与雕刻下越发无与伦比，也为人类提供了一个展示智慧与创意的舞台。标准圆形、心形、椭圆形、矩形、梨形、方形、橄榄形和十字形以及各种特殊的琢型，如八箭八心型、刻面弧面结合的电脑设计琢型等，从不同角度将宝石的内在美展现在了世人面前。

自此，钻石、宝石与水晶不再是仅属于大自然的瑰宝，它们承载了人类的文明而一跃成为时尚、财富与品位的象征。无论是钻石、宝石还是水晶都闪耀着璀璨的光芒，折射出了五彩斑斓的世界。在漫漫历史

FOREWORD

前言
FOREWORD

长河中，钻石、宝石和水晶一度闪烁在帝王的皇冠和贵族的衣衫上，其中钻石自古以来就是财富、权力和地位的象征，同时也代表了爱情的忠贞与纯洁。随着经济的发展，人民的生活变得越来越富足，金银珠宝饰品成为人们消费的热点。本书针对钻石、宝石、水晶的形成、开采加工以及成品方面，进行了较为详细的介绍，希望此书能令广大读者对于钻石、宝石和水晶有所了解。由于编者能力有限，书中难免有不足之处，还请广大专家与读者指正。

华丽蜕变

钻石·宝石·水晶形成、开采加工与成品

目 录
CONTENTS

CONTENTS

CONTENTS

CONTENTS

CONTENTS

CONTENTS

Diamond

第一篇
宝石之王

钻石

1

钻石概论

　　钻石，它来自远古，孕育于地球深处，无尽神秘，光芒璀璨，以其稀少、珍贵、坚硬、独一无二和至高无上的美感而令人向往、追求，甚至膜拜。

　　人们自古以来就对钻石极尽赞美，钻石算是宝石家族中名副其实的王者，但是它的"锋出磨砺、香自苦寒"却鲜有人知。钻石见证了人类至今无法直接监测的地球深处的运动，它历经了十几亿年的极高温度与压力锻造，从地球深处急速向地表跋涉了至少 150 千米才来到世人面前。难以想象的严酷环境历练出钻石的纯洁与高贵，钻石不仅成为了自然界硬度最高、光泽最强的宝石，也成为了爱情的完美化身。

　　钻石（Diamond），是一种由碳元素组成的等轴（立方）晶系天

红宝石钻石 18K 金戒指

红宝石色泽纯正，晶莹剔透，重 1.77 克拉，钻石 0.43 克拉，戒指的总重量为 7.79 克。海外工艺师采用了"心心相印"的设计方式，使两颗红宝石和两条红线完美地叠加在一起。钻石和黄金的搭配增加了色彩的变化，尽显优雅。

钻戒

然矿物。其摩氏硬度为 10，密度为 3.53（±0.01）克／立方厘米，折射率为 2.417，色散为 0.044。此外，钻石还具有高热导性、强抗腐蚀性等特点。它的矿物名称为金刚石，在金刚石矿产中能够达到宝石级的大概只有 1/5，称为宝石级金刚石，国外则把金刚石叫作"钻坯"或"钻石原石"。钻坯切磨成某种琢型后称为"裸钻"，国外则称之为"成品钻石"或"抛光钻石"。

达到宝石级的钻石或通透无瑕，或艳丽缤纷，尤其

13.2 克拉钻石胸针

18K 金、铂金镶嵌 13.2 克拉钻石，中间 7 颗大钻绚丽夺目，约于 1950 年制作。

白 18K 金 0.45 克拉钻石情侣对戒

女戒材质：白 18K 金	男戒材质：白 18K 金
金重：约 4.685 克	金重：约 3.005 克
钻石总数：1 颗	钻石总数：1 颗
钻石总重：约 0.15 克拉	钻石总重：约 0.30 克拉
主钻重量：约 0.15 克拉	主钻重量：约 0.30 克拉
主钻净度：20 分以下不分级	主钻净度：VS
主钻颜色：白	主钻颜色：白
主钻切工：VG	主钻切工：EX
证书：CMA 国检证书	证书：CMA 国检证书

彩钻系列中的蓝钻、红钻、黄钻、粉钻等都是难得一见的珍贵品种。配以极高色散发出的绚丽的色彩，成就了钻石独一无二的璀璨，因此钻石才得以荣登宝石王国的最高宝座。

　　钻石的镶嵌工艺历经了几百年的变革，不断推陈出新，在固定、保护钻石的同时，突出了钻石耀眼的明星风采。而其中享有"中华第一钻"美誉的莲花镶嵌工艺，尝试将多颗高品质钻石以莲花的形状组合镶嵌于一体，创造出完美的视觉效果。

　　尽管钻石文化是在西方国家兴起并发展的，但是这并不影响中国

钻石耳饰

钻石

华丽蜕变

钻石·宝石·水晶形成、开采加工与成品 ●

白金钻石戒指

人对钻石的喜爱。几百年来，坚不可摧的钻石与矢志不渝的爱情被人们联系在一起，人们把钻石作为表达爱意的最佳礼物。钻石的稀有珍贵是毋庸置疑的，到目前为止，钻石一直是全球珠宝产业中最重要的宝石。中国作为国际第二大钻石消费国，其不断成长的市场正孕育着无限的商机。

黄金配钻石项链

钻石的形成

钻石被称为"宝石之王"。《本草纲目》中有云："'金刚石'砂可钻玉补瓷，故谓之钻。"因此钻石也经常被人们称为金刚钻。很多人认为金刚石就是钻石，其实从严格意义上说这是不正确的。钻石是经过艺术加工的金刚石，金刚石则是钻石的原石，金刚石是一种天然矿石。简单地讲，金刚石是在地球深部的高压、高温条件下形成的一种由碳元素组成的单质晶体。人类文明虽有几千年的历史，但人们发现和认识钻石却只有几百年，而真正揭开钻石内部奥秘的时间则更短。钻石是世界上最坚硬的、成分最简单的宝石，它是由碳元素组成的、具立方结构的天然晶体。钻石与我们常见的煤、铅笔芯及糖的成分基本相同，碳元素在较高的温度、压力下，结晶形成石墨（黑色），而在高温、极高气压及还原环境（通常来说就是一种缺氧的环境）中则结晶为珍贵的钻石（白色）。

钻石原岩

天然钻石

18K 白金钻石耳饰

钻石的原岩有两种，分别是金伯利岩和钾镁煌斑岩。

1870 年人们在南非的一个农场的黄土中挖出了钻石，此后钻石的开掘由河床转移到黄土

裸钻

中，黄土下面就是坚硬的深蓝色岩石，它就是钻石原岩——金伯利岩（Kimberlite）。金伯利岩是一种形成于地球深部、含有大量碳酸气等挥发性成分的偏碱性超基性火山岩，这种岩石中常常含有来自地球深部的橄榄岩、榴辉岩碎片，其主要矿物成分包括橄榄石、金云母、碳酸盐、辉石、石榴石等。研究表明，金伯利岩浆形成于地球深部150千米以下。由于这种岩石最早发现于南非金伯利的火山岩管中，故以该地名来命名。在漫长的地质年代中，岩管中的金伯利岩受到风化破坏，变成一种蓝色的泥土，金刚石便藏在这些蓝土之中。流水会

花束钻石胸针

把风化岩石变成的砂石泥土搬运到河流中，其中自然也携带了一些金刚石，沉积在河床或河滩上，这就是金刚石砂石的"冲积砂矿"。金刚石的冲积砂矿很容易开采，只要把蓝土挖出来，用水淘洗即可。这种矿中金刚石的含量很低，在4吨蓝土中才有1克拉金刚石。

22.84克拉天然粉色摩根石配粉色蓝宝石、钻石耳环

钻石的种类

钻石按用途可分为工业钻石和宝石级钻石两大类。

钻石按照颜色可分成两大类：无色至淡黄（褐、灰）色系列和彩色系列。无色至淡黄（褐、灰）色系列包括近无色和微黄、微褐、微灰色。

彩色系列包括黄色、红色、蓝色、绿色、褐色、粉红色、紫罗兰色。大多数彩钻颜色发暗，中等以及强饱和颜色的彩钻极为罕见。

后来人们发现钻石在红外区的吸收光谱有两种不同的类型，绝大多数的钻石都含有微量杂质，主要为氮、硼元素等。钻石在这些微量元素的作用下性质发生了明显的变化，如颜色、导热性、导电性等。根据钻石中所含微量元素的种类、含量等，可把钻石分为两个大类（Ⅰ型和Ⅱ型）、四个亚类（Ⅰa、Ⅰb、Ⅱa、Ⅱb）。

18K 白金镶钻石翠玉胸针

钻石

钻石·宝石·水晶形成、开采加工与成品 ●

　　清代末期，湖南省西部有不少人淘金，淘金的同时，也常淘出金刚石。很久以前，湖南桃源、黔阳一带的农村集市上，有人将金刚石装在小碟中出卖，价格非常低廉。由于当时普遍认为这种东西没有什么用处，补瓷器的匠人会买来用于在瓷器上钻眼。

　　另一种含有钻石的原岩称钾镁煌斑岩（Lamproite），它是一种过碱性镁质火山岩，主要由白榴石、火山玻璃形成，可含辉石、橄榄石等矿物，典型产地为澳大利亚西部的阿盖尔（Argyle）。

　　全世界所有钻石均产于金伯利岩和钾镁煌斑岩这两种原岩之中。目前全世界已勘测到的金伯利岩管有 5000 多个，在其中 100 多个岩管中发现钻石；钾镁煌斑岩，多产于澳大利亚，钻石的出产率非常低，经典品仅为钻石的总出产量的千万分之一，即获得每克拉钻石需开采 2 吨原矿。因为开采出来的钻石质量很低，大多只能沦为工业磨料，能达到宝石级的不及钻石原石的 1/7。

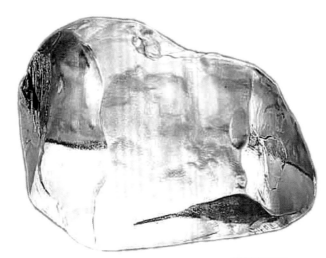

钻石原石

金刚石

直径：2.8 厘米

重量：101.4695 克拉

Diamond

钻石 宝石 水晶

钻石是唯一的单元素（碳）结晶质宝石，也是自然界中硬度最高的物质，摩氏硬度为 10，具有金刚光泽，晶莹剔透、璀璨夺目、坚硬无比，被誉为"宝石之王"。

现代科技证实了钻石生成于 1100℃—1650℃、45000 个大气压的环境中，相当于地表以下 150—200 千米处的环境，其年龄约为 10 亿—33 亿年（澳大利亚阿盖尔矿钻石年龄为 15.8 亿年，博茨瓦纳奥拉帕矿钻石年龄为 9.9 亿年）。这些钻石在地球诞生后不久便已开始在地球深部结晶，是世界上最古老的宝石。钻石的形成需要一个漫长的历史过程，这从钻石主要出产于地球上古老的稳定大陆地区即可证实。另外，地外星体对地球的撞击，产生瞬间的高温、高压，也可形成钻石，如 1988 年苏联科学院报道在陨石中发现了钻石，但这种作用形成的钻石并无经济价值。

钻石蝴蝶胸针

目前，全世界 200 多个国家中只有 30 多个国家发现金刚石矿。主要产地有印度、巴西、南非共和国、刚果共和国、纳米比亚共和国、加纳、塞拉利昂共和国、博茨瓦纳共和国、俄罗斯、澳大利亚等国。

生活因有了色彩才更加生动，钻石的世界也不例外，因钻石生长过程中内部各种微量元素发生变化的"意外"频出，才产生了那么多绚丽多彩的颜色，带给我们无比珍贵的缤纷美钻。钻石之所以呈现不同的颜色，是因为钻石在生成的过程中所含的化学微量元素不同和内部晶体结构变形所致。

70.93 克拉天然欧泊石配钻石项链

彩钻的成色原因

》蓝钻

　　蓝钻呈淡蓝色、艳蓝色。钻石在形成过程中，吸收微量硼元素而显天蓝色。蓝钻的蓝中常会带灰色或黑色，若晶体中含有氮的杂质，蓝钻常常会呈现蓝绿或蓝带绿等色。深蓝色钻石格外罕见，故为稀世珍品，主要产于南非普里米尔矿山。

18K 白金钻石心形蓝宝石耳环

钻石为何会这样昂贵

　　钻石始终是最昂贵的宝石品种，要知道，钻石如今在全世界范围内已经大批量地开采，而导致市场供应受限的主要原因是钻石卡特尔（大企业联合垄断）控制了整个市场。钻石价格之所以这样昂贵，与其说是因为钻石稀有、珍贵，不如说是精心制定的市场策略的结果。钻石产业的运作方式与其他有色宝石的市场运作方式有着极大的不同，它具有任何宝石所不具备的文化积淀和体系结构。钻石是开采最多的一种宝石，其质量分级最明确，控制最严格，已经形成了一套完善而详细的评级体系。当然钻石本身就具有美丽、耐久和稀缺的特点，它集最高硬度、超强折射率和超高色散于一身。再加上钻石矿床的探寻需要耗费大量时间跟金钱，开采起来难度也非常大。钻石的产量少不说，设计加工程序繁复。一颗钻石，要经过开采、分选、加工、分级、销售等多层环节，才能到消费者手里，因此钻石的珍贵是不言而喻的。

铂金钻石耳饰

黄钻石链坠

Diamond

钻石　宝石　水晶

黄钻

》黄钻

钻石在形成过程中，当氮原子取代钻石晶体中的某些碳原子时（每 100 万个碳原子中，有 100 个被取代），开始吸收蓝、紫色光线，因而使钻石呈现黄色。黄钻也被称为"金钻"，通常呈浅黄色、金黄色、酒黄色或琥珀色，是彩色钻石中最常见的颜色，其中尤以金黄色最为珍贵稀有，俗称"金丝雀黄"者为上品。

翡翠镶天然红宝石配钻石胸针

圆形梨形红宝石镶钻石耳环

》红钻

红钻呈红色、粉红色。钻石在形成过程中，晶格结构发生扭曲，从而使钻石呈现红色。较淡的粉红色或玫瑰色的红钻清新淡雅又不失闪耀华美，因为容易让人联想到浪漫的爱情而备受宠爱。1958 年伊朗国王巴列维举行婚礼时，所戴的王冠中就镶了一颗重约 60 克拉，名为"光明之眼"的巨型粉钻。红色的钻石中尤以浓艳如血的"血钻"为稀世珍品，在红色彩钻分级上只有一级就是 Fancy Red，没有 Fancy Intense、Vivid、Light Red 的划分。

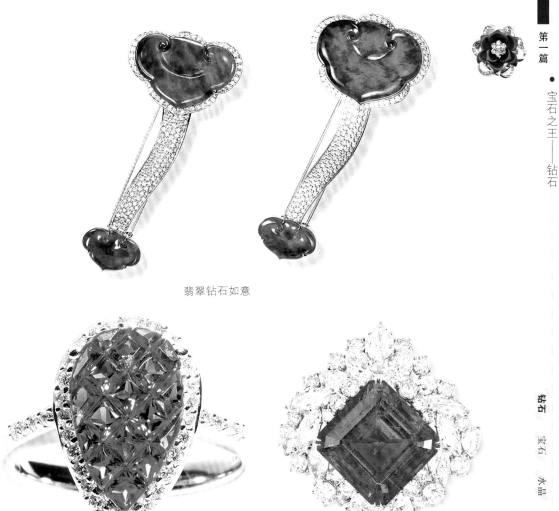

翡翠钻石如意

绿钻戒

翡翠绿钻石胸针

》绿钻

　　绿色钻石是由于受到自然辐射改变晶格结构而形成。彩钻稀有，天然的绿色钻石更是罕见，因为绿色钻石的形成条件更加复杂和苛刻。众所周知，钻石的形成需要高温高压的环境，而天然绿色钻石一般只经过天然辐射而未经高温过程，即使经过天然高温过程，其时间可能很短暂或温度较低不足以改变钻石的颜色。绝大多数的天然绿色钻石里氮的含量较高。天然绿色钻石多呈现绿色到淡绿色，但因为颜色通常只在钻石表面，所以很难有特别明亮的色彩，其中以鲜绿色且色调浓浓均匀的价值最大。

18K 玫瑰金黑钻石项链

》黑钻

黑钻的黑色是由深色的内含物包裹体所致。品质上乘、不掺杂质、乌黑中带有璀璨的光泽与火彩的黑钻石，因其独特稀有可荣登珍贵宝石级殿堂。

钻石的传说

关于钻石的传说故事非常多，其中在《一千零一夜》中，就有以肉喂鸟、借鸟取钻之说。故事的主人公辛巴达原本是一个天神，过着非常幸福的生活。突然有一天，动了凡心，想亲眼看看人世间的生活。于是他乘船随风飘向海中，任由风浪将他送到一座美丽富饶的岛上。步上沙滩的辛巴达说道："我鼓足勇气朝溪谷走去，发现地上到处都是钻石，还有成群的巨蟒守在山谷里，它们一口可吞掉整只大象。山路非常狭窄，难以前行，让人感到一种前所未有的危机。突然，一块羊肉从前面掉了下来，奇怪的是没有看见任何人的踪迹。我感到非常奇怪，就想到了很早之前听商人和旅行者讲的一个故事：有座高山环绕钻石谷，飞鸟飞不过，巨蟒纵横。但采钻人想到了一个非常好的办法——他们把羊宰杀后撕成块，从山顶扔向谷底，血腥的羊肉上便沾满了钻石。等到了中午的时候，秃鹰飞入山谷寻找食物，用爪子抓起沾满了钻石的肉块，再飞回山顶。在山顶的采钻人就大声吆喝，把秃鹰吓走，等钻石到手之后，再把羊肉留给秃鹰。"于是，辛巴达就按照故事当中的方法，把自己裹在肉块当中，秃鹰将裹有他的肉块抓起飞到山顶，采钻者将他救下。这就是以肉喂鸟、借鸟取钻的故事。

钻石的特性

》化学性质

钻石在高温下会燃烧生成二氧化碳。实验证明钻石在大气中的燃烧温度为850℃—1000℃，在纯氧中燃烧温度为720℃—800℃。燃烧时，钻石发出蓝色光芒，表面出现雾状膜。在缺氧情况下加热到2000℃—3000℃时，钻石会变成石墨。

无色钻石晶体燃烧时几乎不产生灰烬，其主要元素碳均转化为二氧化碳气体。钻石面对所有的酸时都是稳定的，不溶于氢氟酸、盐酸、硫酸、硝酸和王水。钻石受强碱、强氧化剂长时间作用会发生轻微腐蚀。

18K金芙蓉石镶钻耳环

翡翠配钻石胸针

》晶体结构

钻石的天然晶体常呈八面体、立方体、菱形十二面体及四面体形状，都是等轴晶系形态，这跟钻石的立方晶体结构有关。钻石晶体常呈歪晶状，有沿某些结晶轴方向变扁或拉长的变形现象。由于晶体形成时受到溶蚀和磨蚀作用，晶面凸起，晶棱变弯曲。结晶面常有腐蚀现象，不同晶体晶面上的腐蚀现象不同。八面体晶面上为三角形凹坑，立方体晶面上为四边形凹坑等。

碳原子位于立方体晶胞的角顶和晶面，同时将立方体平分为 8 个小立方体，相间排列的小立方体中心都存在碳原子。每个碳原子周围都 4 个碳原子环绕，形成四面体配位，碳原子间以共价键联结，形成了稳定的架状结构，所以金刚石的结构是非常稳固的。这就是金刚石具有高硬度、高熔点、不导电的特点，以及在相当高的温度、压力条件下其化学性质能够保持稳定的原因。

18K 白金钻石项链

钻石项链

》硬度

众所周知，金刚石是自然界最硬的物质。钻石的摩氏硬度为 10，比摩氏硬度为 9 的刚玉的绝对硬度强 100 倍，比摩氏硬度为 7 的水晶绝对硬度高 1000 倍。而所谓摩氏硬度（又名"莫斯硬度"），是由德国矿物学家莫斯发明的，国际通用的测试矿物硬度的标准。摩氏硬度标准将 10 种常见矿物的硬度按照从小到大的顺序分为 10 级，依次为滑石、石膏、方解石、萤石、磷灰石、正长石、石英、黄玉、刚玉、金刚石。钻石几乎可以说是自然界最硬的物质，在人造材料发明之前，人们只能用钻石来切割钻石，因为钻石具有异向性，即晶体不同方向的硬度有一定差异，钻石的加工充分利用这一点，将钻石进行劈分。其他可以切割钻石的物质有氮化硼、次氧化硼和二硼化铼等。

白钻项链

红宝石花形钻石胸针

　　钻石的高硬度保证了钻石的耐久性。钻石的耐久性是以钻石的抗磨损能力来衡量的。耐久性与钻石的硬度以及韧度密切相关，值得注意的是，我们不能把硬度和韧度混淆。通常来说，硬度是指抗刻划的坚硬程度，韧度是指受外力打击时不易破碎的韧性。相对韧性而言，在外力打击下容易破碎的性质称为脆性。硬度大的宝石不一定比硬度小的宝石耐撞击。钻石是自然界中最硬的物质，一般情况下不会磨损，能在金属表面留下划痕，不过被铁锤轻轻一敲就破碎了，因为钻石的韧度仅为 7.5，受到外力打击极易损坏。因此我们佩戴钻饰时，应注意不要让钻饰掉落到地面上或受到撞击。钻石的韧度没有红蓝宝石、翡翠高，和水晶、海蓝宝石差不多。

Diamond

钻石 宝石 水晶

钻石叶片悬垂紫水晶吊坠项链

》密度

　　金刚石的密度是 3.47—3.56 克 / 立方厘米。如果内含杂质和缝隙，密度还会降低，可能低到 3.2 克 / 立方厘米。金刚石的密度比一般的砂子大得多，因此早先人们在淘金时，有时就会淘出金刚石。

钻石的价格是怎么确定的

钻石的价格主要是由两个方面来决定的，其中起到决定性作用的是钻石的历史文化价值；另一个因素则是钻石的自身品质，它是衡量钻石价格的客观依据。

物以稀为贵。钻石储量有限，魅力独特，受到了世人的青睐，其价格非常昂贵，根据质量的不同，每克拉钻石可值几千乃至几万美元。由于大粒的钻石更为罕见，故其价格随着重量的增加迅速增长。例如重1—5克拉的钻石，每增加1克拉，其价格相应增长20%—50%。如1克拉重的钻石价格为5000美元，2克拉重的钻石每克拉价格为7000美元，3克拉重的钻石每克拉达9000—10000美元等。

钻石蝴蝶胸针

蓝宝石钻石胸针

》颜色

　　纯净的钻石是透明无色的。但是如果含有杂质或者具有结构缺陷，钻石便会呈现出各种颜色。比如钻石中若含有微量铬元素，就会呈现天蓝色；含铝或氮元素会呈现黄色。极少量的钻石为红色、乳白色、玫瑰色、浅绿色、紫色和黑色等。蓝色、绿色、紫色的天然金刚石非常罕见，黑色钻石更是难得一见的至宝，因此价值更高。

18K 黄金钻石男戒

钻戒

四叶草钻石手链

》 解理

　　当金刚石晶体受到强大的外力撞击时，可能会沿某个结晶方向裂开成一个平面，这种性质被称为解理。金刚石是一种具有中等解理性的矿物。

　　金刚石解理的方向会平行于晶体结构中八面体的面，共4组，因此称为八面体解理。

》折射率

折射率表示光在介质中传播的时候，介质对光的一种折射性。钻石的折射率为2.417，是折射率最高的透明矿物。折射率越高，表明光线在该介质中传播速度越慢，受到的阻力越大，因此反射光的能力就越强。钻石抛光面之所以呈现灿烂光泽，主要原因就是钻石具有高折射率和强色散特性，因而产生了五彩斑斓的光学效应。

Diamond

钻石 宝石 水晶

宝石钻石手镯

18k 黄金镶钻耳钉

》光性均质体

光线进入宝石晶体可分解为振动方向互相垂直的两条偏振光，两者有不同的传播方向和速度，这种情况叫作双折射。假如光线进入宝石晶体，只存在唯一一条折射线，而各方向的折射率均相等，这样的宝石称为光性均质体，钻石就是光性均质体。钻石的这个特性在宝石鉴定中运用普遍。背面影像通过均质体反映为单影，背面影像通过非均质体反映为双影，和钻石极为相似的碳硅石即属非均质体，这对于钻石的鉴别非常有用。

鹤形碧玺钻石胸针

钻石耳饰一对

钻石铂金项链

钻石吊坠

》光泽

宝石对光线的反射能力就是宝石的光泽，折射率越高，光泽越强。在矿物学中，按折射率由高至低把宝石光泽分成4级，即金刚光泽、金属光泽、半金属光泽、玻璃光泽。例如钻石（折射率是2.417）、锆石（折射率是1.98）是金刚光泽；蓝宝石（折射率是1.77）、水晶（折射率是1.55）是玻璃光泽。所以经常有人拿高折射率的锆石来冒充钻石。

Diamond

钻石　宝石　水晶

睡龙吟钻石项链

》萤光

　　萤光是介质在不可见光照射下能发出可见光的性质。很多钻石在紫外线下都有萤光显示，发出蓝、绿、黄、红等颜色。通常状况下，褐色钻石发黄绿色萤光，蓝白、黄色钻石发蓝色萤光，而黄紫色钻石没有萤光显示。

》亲油、疏水性

　　钻石表面很容易留下油性墨水的痕迹，但是却不容易沾上水。加工钻石时多利用它的亲油性来画线，另外还可以通过亲油性、疏水性来进行选矿。

18K 白金钻石男戒

钻石吊坠

天然翡翠钻石吊坠

Diamond

钻石 宝石 水晶

》 全反射

　　光线进入宝石后，当投向另一界面时就不再穿出，而是全部反射回到宝石内部，这种现象被称为宝石的全反射。钻石发生全反射的时候，人们看到钻石内部好像有无数个镜面在反光，光彩夺目。光线从钻石内部射向空气，当折射角等于 90° 时的入射角称为临界角。一旦入射角大于临界角，光线就不再折射，而是全部反射，即为全反射。我们知道，临界角越小越容易产生全反射，和其他的透明宝石相比，钻石的临界角最小。钻石的临界角为 24° 25′，蓝宝石为34° 35′，而水晶为 40° 22′，所以钻石是最容易产生全反射效果的宝石。如果想达到最佳的全反射效果，必须要有非常高超的钻石加工琢磨水平。

天马钻石胸针

钻石手链

Diamond

钻石　宝石　水晶

钻石耳环

》色散

　　色散指复色光经折射后分解成不同波长单色光的现象。长波（红）
与短波（紫）的折射率之差叫作色散系数。物质的色散程度取决于色
散系数，色散系数越高，色散程度也越大。钻石最容易产生色散效果。
其色散系数为 0.044。一颗做工精良的钻石会呈现出五彩缤纷、光彩
照人的效果。有人经常用和钻石色散系数相近的锆石来冒充钻石。

红珊瑚钻石 18K 玫瑰金项链吊坠

这颗珊瑚呈现柔和的橙红色，珠径尺寸达到
16.5mm，十分难得。这是日本珠宝师精巧、简洁
而又雅致的设计，吊坠的金色与珠子的橙红相映
生辉，红珊瑚与 3 颗小钻石的组合更是灵动巧妙、
独具匠心。

》导热性

导热性是物质将热能从一个区域
传向另一个区域的能力。钻石是一种
非常好的导热体，这与晶体中碳原子
振动或共振频率有关。钻石的导热能
力比金属还要高得多，其中 Ⅱa 型钻
石的导热性能是铜的 5 倍。

钻石项链

钻石标识

　　根据国家标准，珠宝首饰在出厂前都应在首饰托上打印出相应的标识，这些标识包括：厂家代号、纯度、材料以及镶钻首饰主钻石（0.1 克拉以上）的质量。厂家代号多用数码或某种符号表示，例如戒指的内侧刻的是"0.50ct（D）Pt950"，其中 D 表示钻石，0.50 表示重量是 0.5 克拉，Pt950 表明戒托为铂金 950。贵重金属首饰应按纯度、材料、宝石名称、品种的顺序来命名。铂金在化学元素周期表中以"Pt"来表示（Platinum 的简写），我们常说的 Pt900，就是指含铂 90％的金属，Pt950 就是含铂 95％的金属，以此类推，Pt990 就是含铂 99％的金属，一般来说，市面上镶钻首饰多用 Pt900 或 Pt950 镶嵌。

　　我国现在普遍都把铂金称为白金，18K 白色黄金也称白金或 K 白金。按国家标准规范的称呼 18K 白色黄金应为"18K 白金"，印记为"AU750"或"G18K"。很明显，K 白金并不含铂。有人认为 K 白金是铂金与其他金属的合金，这也是不正确的。K 白金是选用黄金和钯金或镍、银、铜、锌等金属熔炼成的一种白色合金，它的主要成分仍然是黄金。其中，黄金含量最大为 75％。黄金与镍一起熔炼，再加入银、铜、锌、钯等金属，也会形成白色合金。所以，更加确切地说，K 白金应称为白色 K 金。在纯度、稀有度、耐久性以及天然的颜色和光泽上，白色 K 金都无法与铂金相提并论。

　　市场上常见的 14K 白金是由 58.5％的黄金、22.4％的银、14.1％的铜和 5％的镍熔成的合金。18K 白金是由 75％的黄金、10％的银、4％—10％的锌和 5％的镍熔炼而成的合金。

形象树 K 金钻石项链

钻石的开采方法

钻石的开采过程可谓历尽艰辛，有的钻石来自高山，有的来自河流，有的来自大海，但是它们最初都来自火山。目前钻石的开采主要有 4 种方法：露天开采、地下开采、沿岸开采及海底开采。

》 露天开采

露天开采是钻石矿山开采最常用的方法。这种方式只有当金伯利岩露出地表或突起的时候才适用。露天开采是一项非常艰辛的工作，包括在坚硬的岩石上钻孔、安放炸药，以爆开岩石。围绕岩筒挖出 12 米左右厚，分层逐渐向下进行，并以 30—40 度的坡度角构筑出台阶，以保证露天开采有效、安全地进行，当挖至太深不宜操作时，就转为地下开采。在突起的矿山中开采钻石，需要一个宽敞的、无遮掩的区域，然后矿石和尘土可以被收集和分类。如今的很多矿石开采都是通过这种方式。

》 地下开采

　　以这种方式开采钻石需要平行地向金伯利岩钻下开掘竖井，大约要钻到地下几百米深，然后再从竖井横挖至矿脉，将钻石开采出来。南非金伯利矿的开采深度已达到地下 900 多米。地下开采是一种非常复杂且危险的钻石开采方式，只有在其他开采方式都无法发挥效用的情况下，才可考虑使用这种方法。地下开采的优点是，可以让矿山发挥其全部的潜能。

Diamond

钻石　宝石　水晶

钻石吊坠

》沿岸开采

　　沿岸开采是最古老的一种钻石开采方式。含有钻石的母岩经风化破碎后，矿物和砾石经河水、雨水或其他水流从源区搬运和富集而形成砂矿。在冲积矿床中，钻石通常被埋在河流的沙砾及其他物质中，开采前先筑起堤坝以阻挡波浪冲刷，然后移去表面的浮土、沙尘，在接近基岩的矿床上收集砂石，每一个缝隙都要细心清理，以确保无钻石遗漏。

　　传统的手工淘洗方法，在一些小的矿点仍在使用，只是由于钻石的稀少，其开采的艰辛是可以想象的。

钻石宝石王冠

铃铛形钻石吊坠

》 海底开采

　　数亿年来暴露于地表的金伯利岩，不断经受雨水、洪水的冲刷，以至于无数的钻石顺着河水流进了大西洋。如今人们利用先进的海上采矿技术，在纳米比亚、南非等海岸进行开创性的海上钻矿开采，这些"流动的钻矿"每年可开采出百万克拉的优质钻石。

　　在这种相对新型开采技术中，船只装载巨型打气筒，并将它们安装到江河入海的河口处。这些船只将河口底部的沙粒抽出，将沙子和水筛除，之后在剩下的岩石中寻找钻石。这样的方式比传统的钻石开采需要消耗更多的成本。

珍珠钻石吊坠

　　就目前来说，全世界开采出来的钻石大约只有 20% 的品质能够达到宝石级，大部分的原石都只能用于工业用途。

世界各地钻石的开采

　　大多数人认为钻石开采的发展可以分成 3 个时代：一为印度钻矿时代；二为南非金伯利矿时代；三为南非比勒陀利亚的普列米尔钻矿时代。如今加拿大和澳大利亚的钻石矿开采即将开启一个新的时代。

》古希腊和古印度钻石的开采

　　世界上最早发现金刚石的国家是印度。大约在两千年前，在古代的戈尔康达王国（现在印度的安得拉邦境内）曾大规模开采过金刚石。当时的古希腊人就已经开始用钻石做首饰了。在 18 世纪中叶以前，印

18K 白金镶钻吊坠一对

钻石

华丽蜕变

钻石·宝石·水晶形成、开采加工与成品 ●

18K 钻石吊坠

度是世界金刚石的主要产地。后来由于巴西等地区，特别是非洲发现金刚石矿床，印度金刚石的地位才大大下降。印度金刚石质量非常高，85% 以上属宝石级，以无色透明、高净度著称，目前有储量 1000 万克拉。印度金刚石矿床主要分布在潘纳地区和安得拉邦地区，这两个地区共发现 8 个橄榄金云火山岩管，潘纳地区金刚石砂矿品位较富，金刚石质量好，颗粒大，宝石级金刚石占 87%；安得拉邦地区以盛产珍贵宝石级大金刚石闻名于世，如无色高净度、重量为 793.5 克拉的"伟大的马果"金刚石、无色高净度重量为 787.5 克拉的"蒙古大帝"金刚石、"摄政王"金刚石、"光明之山"金刚石和"荷兰女皇"金刚石等。公元 5 世纪，在印度尼西亚的加里曼丹发现金刚石，但其原生来源至今尚未查明。据说，现在存放于大不列颠博物馆的一尊古希腊时代的青铜雕像，其眼珠就是用亮丽未琢磨的钻石制成的。

钻石吊坠

Diamond

钻石　宝石　水晶

》 美洲钻石的开采

1693年，有人在南美巴西的米纳斯吉拉斯发现了钻石，刚开始人们只是觉得这种闪着光的小石头非常好玩，并不知道它就是钻石，所以就用它当作赌博中的筹码。直到1725年人们才弄明白，原来这些筹码竟然是钻石。随后掀起了一股寻钻的热潮，很多人都来到了巴西。到1729年底，在巴西的11条河床中都发现了钻石。1730年葡萄牙人在巴西发现了原生钻石矿床，高产量的钻石生产延续到1870年，当时的钻石产量相当于现代钻石世界产量的1％。世界上著名的钻石"南方之星"和"葡萄牙国王"大钻石就来自巴西，这两颗大钻石都属于世界级珍贵钻石。

钻石吊坠

钻石皇冠头饰

19 世纪下半叶，在位于北美的加拿大也发现了钻石。1891 年在加拿大西北区域的 Lal De Cras 湖地段发现了最大的钻石矿。这里相当于加拿大陆地面积的 1/3，但是仅有加拿大 0.15％ 的人口。地质学推论的远景地带被认为是金伯利岩火山口湖泊，相似于西伯利亚钻石矿区的地貌。从 1912 年至 1961 年，在美国的钻石主要产区阿肯色州开采出大约 12000 克拉钻石。

18K 钻石吊坠

18K 白金钻石戒指

18K 金钻石吊坠

世界著名钻石

"库里南一号"，1905 年在南非发现，金刚石重 3106 克拉。

"布拉岗扎"，1725 年在巴西发现，金刚石重 1680 克拉。

"库里南二号"，与"库里南一号"来自同一块金刚石。

"高贵无比"，1893 年在南非发现，金刚石重 995.2 克拉。

"塞拉里昂之星"，1972 年在塞拉里昂发现，金刚石重 968.9 克拉。

"科尔德曼·德迪奥斯"，1991 年在巴西发现，金刚石重 922.5 克拉。

"大莫卧儿"，1304 年以前在印度戈尔康达发现，金刚石重 787.5 克拉。

"沃耶河"，1945 年在塞拉利昂发现，金刚石重 770 克拉。

"瓦加斯总统"，1938 年在巴西发现，金刚石重 726 克拉。

》 澳洲钻石的开采

1851 年，在澳大利亚第一次发现钻石。1859
年后又在新南威尔士州发现了相当具有经济价值
的钻石矿。进入 20 世纪 70 年代，在澳大利亚西
部的金伯利高原发现众多的金刚石原生矿床，储
量极大。1979 年又在钾镁煌斑岩原生矿石中首次
发现钻石，其中还含有色泽鲜艳的玫瑰色、粉红
色和少量蓝色钻石。

18K 金钻石耳饰

钻石吊坠

钻石耳钉

钻石戒指

》南非钻石的开采

    1871 年在南非发现了第一个钻石的原生矿，后被正式命名为金伯利。最著名的钻石矿就是南非茨瓦内市的普列米尔钻矿，它把人们带进了钻石开采的新阶段。普列米尔钻矿每年开采出 200 多万克拉钻石，目前产量仍然稳定。该矿生产的钻石粒大而色泽光亮。独一无二的"库里南"钻石就是从该矿中发现的，该钻石重达 3106 克拉。1954 年还发现了重达 426.5 克拉的"尼阿科斯"钻石。60 多年过去了，普列米尔钻石矿区已产出 300 多粒重量超过 100 克拉的钻石，生产出的 400克拉以上钻石占全球 400 克拉以上钻石产量的 25％。

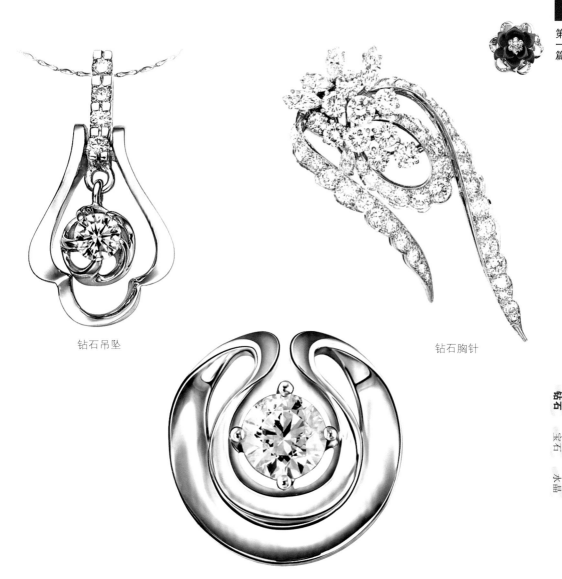

钻石吊坠

钻石胸针

18K 白金钻石吊坠

》俄罗斯钻石的开采

　　据相关记载证明，俄罗斯钻石最先在第聂伯河下游被发现，时间大约是
16 世纪至 17 世纪。1829 年 7 月的一天，一个农民的儿子在乌拉尔山西坡金
矿淘金时，拾到一颗重 0.5 克拉的钻石。随后在这一地区多次发现小粒钻石。
后来地质学家勘探时，在河沙中找到许多钻石晶体，遍及整个乌拉尔区域。
1948 年，一位地质学家在西伯利亚雅库特发现钻石。1953 年俄罗斯一位勘
探地质学家捡到一块金伯利岩石。1954 年在该区发现蕴藏钻石的金伯利岩，
随后又发现近 10 个金伯利岩筒。

钻石吊坠

18K 白金钻石手链

叶卡捷琳娜二世的大皇冠

在 18 世纪初，彼得大帝在自己居住的圣彼得堡内的东宫建造了珍藏珍宝的钻石库。在他去世 30 多年后，登上皇位的女皇叶卡捷琳娜二世是俄国历史上最痴迷于收集珠宝的女沙皇。因此，在她统治期间出现了俄国历史上最出色的钻石切割专家。

1762 年，为叶卡捷琳娜二世加冕准备的大皇冠打造完成，流光溢彩，华美绝伦。这顶皇冠上有十几颗名贵的钻石，它们居然是分别从当时欧洲多位国王的王冠上拆下来的。大皇冠上共镶嵌了 4836 颗钻石，共重 2858 克拉，整个皇冠重 1907 克。尤其在皇冠顶端，镶嵌着世界上最重的尖晶石，重 398.72 克拉。目前，这颗世界上罕见的尖晶石成为俄罗斯"必须保护的七颗宝石"之一。另外，叶卡捷琳娜二世还有一本 17 世纪的《圣经》，银制的封面上镶嵌了 3017 颗钻石。

》中国钻石的开采

中国古代没有发现金刚石的记录，宫廷所用钻石都是通过船舶从国外进口来的。中国出产的首颗金刚石，是清道光年间于湖南西部的沅江流域偶然发现。1917 年，山东《临沂县志》记载："金刚石有明净如水而无色者，有白黄红绿诸色者多用于宝饰。小者可划玻璃，往往拣而得之，不恒有。"

18K 金钻石吊链

钻石在中国的发现和利用的时间其实并不算晚。只是直到 20 世纪 60 年代，大规模的钻石勘探和开采才开始。在我国湖南沅水流域，地质勘探者首次发现了具有工业价值的钻石砂矿，在贵州东部和山东蒙阴地区最早发现钻石原矿。20 世纪 70 年代，在辽宁瓦房店地区又找到质量较好的钻石原矿。据称，著名的"金鸡钻石"就是抗战时期在山东蒙阴发现的，该钻石重 281.25 克拉。1977 年 12 月 21 日，一位农村妇女在临沭县华侨乡常林村田野拾到一块重 158.786 克拉的钻石，该钻石正是著名的"常林钻石"。常林钻是我国发现的最大一颗钻石，呈八面体和菱形十二面体聚形，淡黄色，晶体纯净透明。

Diamond

钻石　宝石　水晶

钻戒

翡翠钻石胸针

辽宁省现在被探明有大量金刚石，仅瓦房店储量就占全国探明总储量的 50％以上，而且品质极佳。1989 年正式开采，且 95％产品销往国外。

我国发现过金刚石的省（自治区）有：湖南、山东、辽宁、吉林、河北、河南、山西、湖北、江西、江苏、安徽、贵州、广西、内蒙古、新疆和西藏，其中最主要的产区是湖南、山东和辽宁三省。

钻石吊坠

18K 彩金钻石戒指

Diamond

钻石 宝石 水晶

钻石加工的工艺

　　钻石加工工艺流程一般分为策划阶段、定型阶段、精细琢磨阶段和成品处理阶段。

　　策划阶段的工序主要包括毛坯设计、钻石切割和分选入包。

　　定型阶段的工序主要包括襟样工序、打边工序和台面工序。

　　精细琢磨的工序主要包括磨底工序、磨面工序和磨星工序。

　　成品处理的工序主要包括成品清洗、成品分选和包装入库。

黄金钻石项链

18K 金大溪黑珍珠钻石吊坠

》策划阶段

毛坯设计

　　毛坯设计的方法分为两种：一种是人工设计，另一种是电脑辅助设计。毛坯设计是依据成品钻石的参数要求，对不同形状的毛坯进行最佳策划的过程，是实现毛坯最大商业价值的重要环节。

南洋异型金珠钻石 K18 项链吊坠

　　设计主要是根据钻石内部的净度、形状、重量
及工艺要求，来划分钻石的加工类型，可分为锯钻、
颗粒钻和异形钻。在选择的设计方案能取得最大价
值的前提下，进行选笃和选台。首先进行人工画线
设计，再由电脑通过对人工线位扫描的电子计算资
料进行分析，近而进行电脑镭射画线。

昼与夜钻戒

钻戒

画线

　　利用激光画出来的线通常较为整齐，但不用电脑设计的钻石要依靠人工画线，人工画线是设计师一项重要的基本功，画出来的线必须直，而且几条线必须在同一平面上，必要时可以借助画线显微镜辅助画线。

　　对于机械锯钻而言，在保证价值最大化的前提下，应该考虑钻石能否锯动、会不会散花，一旦碰到深蚀坑、深三角形凹陷、应力集中区等缺陷，应让锯切线将其避开。还有钻石内部包裹体，因事先观察不到，等锯到此处就锯不动了，只好借助激光。

翡翠荷叶鸳鸯花件配钻石胸针

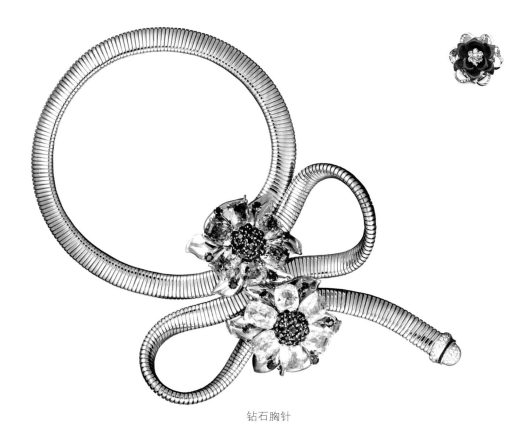

钻石胸针

标开口点

　　根据经验八面体钻石是在长棱上选择开口点，十二面体则选择长棱所夹晶面开口。钻石的个体差异很大，结构复杂，当钻石出现诸如裂纹、缺口、负晶顶、蚀沟等缺陷时，应选择其所在的或邻近的晶顶开口。比如带裂纹的钻石一般都会选择裂纹所在晶顶开口，特别要注意使锯片旋转和裂纹的方向一致，如果锯片逆方向旋转的话，会增加散花的危险。紧凑的裂纹锯出来的切面比较平整，而松散裂纹的切面会有明显的锯纹。如同时具备多个缺陷，则选择最大、最明显缺陷所在或邻近的晶顶开口。因为初期锯切面较小，压力和温度较低，可以降低散花的风险。

Diamond

钻石　宝石　水晶

南洋珠钻石套链

粘胶

首先将用石膏粉加切割胶配成的软胶放在铜枝的空穴内，然后将设计好的石坯安装在铜枝上，对剖钻（平均分成两粒）要露棱，借剖钻（一大一小）要露线，使切割线和铜枝边沿平行，最后用刮刀刮净多余的胶，再将安装好的石坯放入加热炉内，用200℃—220℃的温度烘烤约10—15分钟，待胶干固后观察钻石是否有移位或脱胶等现象，如果有就要重粘。

仿古开放叶状钻石吊坠

钻石切割

　　钻石加工的原则是价值最大化，其中自然包括钻石原坯利用率的最大化，在钻石晶形比较完整的前提下，钻石切割（锯钻）是实现价值最大化的重要手段。在钻石加工的几个工序中，它并非必不可少（并不是每一颗钻石都可以锯或者是必须锯），但很多厂家都希望加工可锯钻，因为可锯钻成品率高，而且纹向较为规则，比颗粒钻（不用锯切或不能锯切的钻石）容易加工。

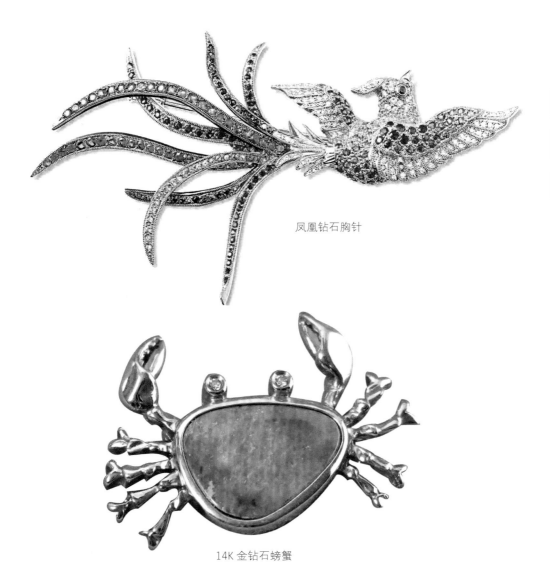

凤凰钻石胸针

14K 金钻石螃蟹

华丽蜕变

钻石

钻石·宝石·水晶形成、开采加工与成品·

钻石胸针

锯钻工艺

通常来说，晶形比较完整，锯开之后成品率高，还可以去掉靠近刀口两边的瑕疵，提高净度，获取价值最高的钻石。

最早的锯钻是用一根绷直的金属丝抹上钻石粉，来回拉锯钻石，工具简陋，既耗时又费力。自从发明了机械锯钻，切割钻石的效率和精确度大大提高，生产成本也大幅降低，具有一定的实用性。虽然也尝试过比如电蚀法、超声波和热化学加工等方法，但最终没有进入实用阶段。激光切割，尽管经历了很长时间的试用，但仍然无法完全取代机械锯钻。

机械锯钻就是将毛坯按钻石的规律，即钻石的纹理将其锯成两粒或多粒。涂上钻粉的铜片在狭缝中高速转动，一部分钻粉微粒受压嵌入铜片表面，充当"固定的牙齿"，一部分在钻石与铜片之间相互摩擦，充当"活动牙齿"，对钻石进行"蚕食"，少则数分钟，多则几小时，即可慢慢地把钻石分割开来。

机械锯钻与激光切割不同，它必须按照钻石本身的纹向把钻石锯开。

立方体晶面（又叫四尖、四向纹、四向丝流）和十二面体晶面（又叫两向丝流、两向纹、两尖）的锯开方向允许有偏差，一般不超过15度，否则会增加锯钻的难度。

锯切方法分类

1.按照钻坯被分割的比例、刀法可以分为以下4种方式：

（1）对剖：一颗平均分为2颗。

（2）借剖：一颗分为大小2颗。

（3）斜锯：锯路稍微偏离四向纹的自然晶面，目的是提高产品的出成率。

蓝宝石钻石耳环

（4）切角：把大规格钻石的尖角切下来，分别磨成小钻，可以提高原材料的利用率。

2. 按切割方向及刀法可分为以下 3 种：

（1）普通锯：切割钻石时没有遇到任何障碍，将钻石一次性锯切成两半。

（2）倒锯：倒锯是在对钻石实行锯切过程中碰到硬块时采取的一种十分有效的方法，这时可先停机，然后再开动反向开关，使锯片的方向倒转。

（3）转刀锯：如采用倒锯方式还不能将钻石锯开，可以先停机，再把钻石转动 90 度，对准老锯口，围绕硬块再锯，一般只能转 3 次刀，如再锯不开钻石，就只能采用激光锯钻了。

钻石切割的损耗

要达到钻石价值的最大化，就必须在确保锯切面质量的前提下控制切割的损耗（锯耗），这主要取决于锯切面大小和锯片的厚薄程度。如果锯切面质量差，除了正常的锯耗之外，还增加了额外的钻石原料和工时的消耗。

粉红宝石钻石耳坠

切割过程

1. 锯片安装和修整

松开电机皮带，取下夹盘，把锯片套进夹盘右轴，然后合上另一半夹盘并调节锯片与夹盘的位置，再借助夹盘钳和扳手拧紧（注意松紧程度。太松，锯片无法定位；太紧，锯片起皱）。把夹盘放在石墨轴承上，使皮带搭在夹盘和电机的皮带轮上，开机。

修整锯片时，钢刀刀锋朝上对准锯片。向上翘起 10 度左右，前后抽动钢刀使之轻触锯片，直到锯片上有极细而且连续的丝状物均匀地切出后迅速退刀。

修整好的锯片刀锋必须平整，不能凸或斜，长短要适中。锯片的伸距稍微比钻石切割方向的直径略长一点，锯片伸距过大容易弯曲；伸距过小锯不开钻石，还可能造成崩角或散花。

天然红宝石配钻石胸针

翡翠配钻石项链

2.加钻粉

把锯片膏（钻石粉混合物）均匀地涂在磕子上，左手中指轻轻抬稳夹具阻止其下沉，右手斜握磕子在锯片上方左右摆动，同时轻触锯片。注意不要从上而下触及锯片，避免钻粉磕子被划伤、起槽。正确的动作应该像一个躺倒的阿拉伯数字——"∞"，先上后下，下行时脱离锯片，上行时轻触锯片，使刀刃两边和刀锋上都均匀地涂上一层薄薄的钻石粉，呈现黑色。

3.装石、摆纹

借助放大镜观察转动钻石，开口点对准正下方，左手托住机头，右手将粘有钻石的铜枝从左向右装入左夹臂，放下夹臂，调节调压螺杆，使钻石下降，靠近但不接触锯片，再从钻石右侧用放大镜观察，确认开口点是否位于锯片的最高点。左手转动铜枝使离开口点最近的两条边棱和锯片最高点切线的夹角正好相等，拧紧左夹臂蝶形螺母锁定铜枝。把顶针粘上台面胶，左手托起机臂，从右向左插入右夹臂，裹住并顶紧钻石，右手拧紧夹臂前后紧定螺母，再拧紧右夹臂上的蝶形螺母，锁定顶针。顶针的力度要适当，力度太小夹不牢钻石，太大会夹刀；左右两个方向的力度要一致，否则容易崩角。

4.开口

装好钻石以后，调压螺杆的胶垫硬面向上，右手拿放大镜观察，左手放下机臂，调节上下调压螺杆和左右调节旋钮，让钻石接触锯片的顶点稍微加力，这时锯片刀锋会顺着钻石的棱线方向稍微弯曲，弯曲的刀锋应该对正锯切线上选定的开口点。

　　数分钟后，用左手食指轻轻接触铜枝，如有明显的振动感，说明斜口已开好，抬起机臂换胶垫硬面的一个角支撑调压螺杆。挺直锯片对准锯切线，先把锯路磨好，然后翻垫并适当加压。大钻石先用厚度1—2号的锯片短刀开口，然后换薄一点的锯片，套好刀口继续锯钻。

　　已经画好线、点好纹的钻石直接按纹进行锯切，还有一些较小的对剖钻石是不画线的，需要自己选择开口点。如果设计作为锯切面的4个晶顶都在同一平面内，就选择一个长棱开口。如果4个晶顶不在同一平面上，要先找到最远的两个面对面的晶顶，从中间开口，让锯片把它俩平分，尽量使之大小一致，比如长形钻石，先从正位找出两个晶顶的错位之处，让锯片平分，再从上位观察找出两个晶顶的错位中间平分，这样就能把长形钻石平分了。

钻石项链

18K 金钻石胸针

5. 观察

在锯钻的过程中，必须小心地观察，找出锯钻过程中出现的所有问题，以便逐一解决。

（1）正位观察

右手拇指在下，食指和中指在上，捏住放大镜，上面的 4 个手指自然并拢平伸，不能弯曲成拳头状（这样容易被锯片割伤手指）。通过放大镜聚焦钻石，观察是否有弯曲、光头、抖动、卷曲、刮薄及爆刀等情况。同时用左手完成微调左右调节旋钮、调压螺杆等动作。

（2）上位观察

按上述拿镜方法，小臂搁在机台左侧，在锯片正上方约 3 厘米处聚焦观察。观察锯片边缘是否与夹盘的合缝线重合，不重合的原因主要是翻垫、开口后没有对准刀口。

6. 切锯中的锯片故障

（1）锯片弯曲

长位在下应靠开口右边进刀，短位在下应靠开口左边进刀，否则就会造成锯片弯曲。

锯片压力过大或者伸距过长也会造成锯片弯曲，使切出的钻石出现弧面。

出现轻微的"S"形变属于正常，但严重形变就不正常了。形变原因主要有两种，一种是锯片没修好，另一种是压力过大、锯片太长或夹盘没有拧紧造成的开口不直或锯路不正。锯得越深"S"形变越厉害，会导致锯切面凹凸不平，要及时修短锯片或转刀。

因此一旦发现锯片弯曲，需要及时更正，如果锯切已经过半，应尽快转刀，避免造成不必要的损失。

（2）锯片光头

加钻粉不及时造成锯片的刃部露出锯片本身的颜色叫作光头。应及时加粉，否则可能会出现卷边、刮薄或爆刀等情况。

（3）锯片卷边

锯片刃口长时间无钻粉或碰到硬块，锯片刃口变宽呈"T"形，会造成卡锯，不能抽动，只能将锯片剪一小口，转动锯片从小口处取出钻石。

卷边会造成锯切面有很深的锯纹，严重了会出现爆刀烂石的情况。

（4）锯片刮薄

锯片刃部一边或两边有明显的刮痕，一旦出现刮薄会向一边锯斜，可以通过修锯片或加钻粉来解决。

（5）锯片抖动

锯片轻微抖动是正常的，证明锯片与钻石之间有压力，锯切状态良好。另外加粉时也会轻微抖动，但剧烈地抖动就会使钻石破碎，应及时进行调整。

（6）爆刀

以上几种状态如果得不到及时处理，会出现爆刀，会使钻石产生破碎（散花）。

（7）停滞

切割钻石时遇到锯不动的硬块会引起停滞，可以用锯片沿着相反的方向接着锯，如再锯不动就只有把钻石转 90 度再锯。另外，锯钻压力过小也会导致停滞，可以增加压力继续进行锯钻。

在锯切过程中应该尽量避免停滞现象的发生，否则，在影响功效的同时又影响了锯钻的质量。

钻
石

华丽蜕变

钻石·宝石·水晶形成、开采加工与成品 •

翡翠钻石耳坠

切割发展史

中世纪时期的钻石切割，只是对钻石外表面进行简单琢磨，使其变得平整，并不是真正意义上的钻石切割。

1919 年托科夫斯基（Tolkowsky）首先提出了钻石理想的切割比率。依照这个切割比率，钻石应被切割成 57 个刻面，包括 1 个台面，亭部 32 个刻面和冠部 24 个刻面。这种切割形式是现代钻石切割的基础。

1925 年琼森（Johnson）与罗施（Roesch）给出了另外一套切割比率，但不是很成功。这个切割形式曾被称为 "理想明亮" 型切割。

1939 年艾普勒（Eppler）又设计出钻石切割精美方案，这一方案接近于托科夫斯基（Tolkowsky）的切割理论。

1951 年帕克（Parker）提出了一种可使钻石获得很大台面的切割方案。

1963 年出现有 74 个刻面的 "公主" 型切割方式。

1965 年出现了 146 个刻面的 "高亮" 型切割方式。

1966 年提兰德（Tillander）提出斯堪的纳维亚标准。这套标准被作为现代钻石切割的一个基础。

1970 年出现了 144 个刻面的 "皇式 144" 型切割方式。

1978 年国际钻石委员会（IDC，International Diamond Council）确定了一套使钻石拥有最佳折射效果的切割标准。

分选入包

　　将颗粒钻或者切割后的钻石按照钻石自身的特征（颜色、净度）进行分类，并预算出最终成品率。

翡翠配钻石胸针

钻石耳钉

》定型阶段

襟样

襟样（粗围形）是指对形体特征较差的钻坯进行修饰，从而使其具备成品的基本形态的过程。对于形体特征较差的钻坯，先粗磨成圆形，主要是方便襟样工序。襟样完成后的钻石坯，已经基本呈现出了成品钻石的轮廓。

打边

打边（定型）是在打边机上进行的，通常和襟样工序反复交叉进行，是钻坯的定型过程，也是磨底、磨面工序的前提。经过打边后的钻石具有成品石边位的色泽、圆滑度和亮度，其宽度为台面直径的 13%。

注意：襟样和打边工序没有先后之分，主要是根据石型来定。

》抛磨台面

如果在这一程序中选用的是 24 格夹具，首先要确定拨格盘定位钢珠，并让拨格盘定位钢珠正对两个小格中间的红线或白线，16 格和 32 格夹具不对线。

右手把钻石的底尖向上搁在铜碟里，然后把夹具粘上台面胶，抹平后把夹具摁在钻石上，使研磨台面和台面夹具顶口平行，左手中指、无名指和小拇指托稳夹具，大拇指和食指捏住机头旋转，把锯纹摆到平行或垂直于磨盘的磨削方向。

颗粒钻的台面可以用胶粘，也可以用石棉固定。把夹具翻转平放在机台上，右手用镊子夹取几丝浸泡在硼砂水中的石棉，左手接过捏成一团，填塞进夹具，再用镊子尖扎实捣出一个洞来，把钻石摆平、摁紧在洞中，使台面线与夹具顶口平行。

钻石蝴蝶结胸针

18k 玫瑰金红宝石钻石耳环

两向纹的颗粒钻必须使菱形十二面体晶面的长对角线垂直于盘纹；三向纹的颗粒钻要先把三角形最长的一条边摆到左边，使之垂直于盘纹。同时还不能使三角形的平面和磨盘平面完全重合，而是长棱方向略微向上翘起，倾斜角为 1—2 度，因为正对八面体的三角形晶面是磨不动的。

　　以上操作都可以通过旋转和倾斜机头来完成。

　　根据钻坯的设计要求，即可对其最大直径所在的台面进行抛光的加工。台面是成品钻石众多切面中最大的切面。

粉红碧玺钻石耳坠

》 精细琢磨

磨底工序

磨底是对钻石亭部进行加工的过程。

拇指和食指捏住套筒，用放大镜观察钻石夹具检查钻石是否装平，并且以其为标准，观察夹具深浅和大小是否合适，使天然面的最低点刚好与夹具持平。如夹爪间没有缝隙说明夹具大了，若情况相反则说明夹具小了。

左手中指、无名指和小拇指托住夹具手柄，右手把夹具装进机头，左手食指控制住分度盘，大拇指摁住钻石，右手拧紧螺母锁定夹具。

高度定位器

钻石本身的高矮和夹具安装的深浅程度会直接影响到夹具的前后水平，为了避免换一次石调一次水平的麻烦，可以使用高度定位器装石，其操作如下：

钻石耳环

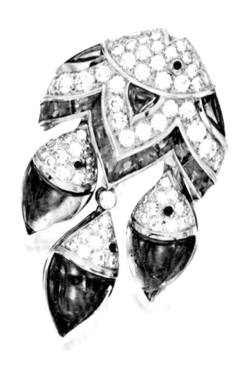

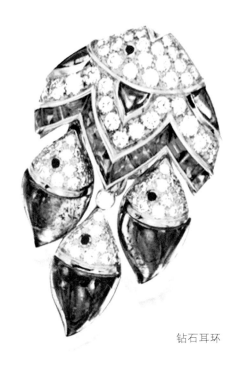

钻石耳环

钻石耳环

把夹具装入机头，套上高度定位器后用拇指摁到最低，同时拧紧旋钮并锁定，左手大拇指和食指拨格，把最低的天然面摆在八面体的棱上或十二面体的中线右边，使之指向正上方，然后右手拇指和食指转动左右微调旋钮约两周，也可以把 24 格夹具的钢珠在大格的基础上拨一小格到白线，再调一圈左右微调。如用 16 格夹具只要拨一格就够了，使八面体的棱或十二面体的中线向右偏转 22.5 度，通过放大镜确认后准备研磨第一个底面。

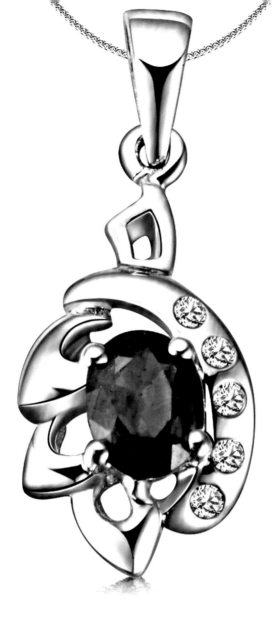

蓝宝石吊坠

Diamond

钻石　宝石　水晶

打磨步骤

1.将石坯安装到夹嘴上。

2.用压石器压紧。

3.再用调纹器摆正纹。

4.将夹嘴安装到车石臂底瓣夹具上，用铜帽固定高度，调好打磨的角度。

5.放在磨盘上打磨底部8个面瓣。

6.在每个面瓣上再磨2个半瓣。

7.完成底部（即亭部）24个面瓣。

钻石证书种类与规格

　　钻石证书分为以定名为主的鉴定证书和详细分级的分级证书两种。中国钻石市场上可见到的分级证书颁发机构繁多，包括 GIA（美国宝石学院）、DGA（英国宝石学会）、HRD（比利时钻石高阶议会）、AGS（美国宝石学会）、NGTC（国家珠宝玉石质量监督检验中心）、GTC（中华全国工商联珠宝业商会珠宝检测研究中心）等。分级证书内容一般包括定名、证书编号、钻石重量、钻石尺寸、台宽比、全深比、亭深比、对称性、冠高比、净度、颜色、抛光、荧光等。

面反工序

　　面反即冠部上的星瓣，包括台面、星反、面四八和面瓣。共1个台面、8个星反、8个面四八、16个面瓣，是成品钻石冠部33个面。

装石

　　左手翻转面反夹具，机头上位朝右，摁在机台上，大拇指压下抬起面瓣压舌，右手把钻石台面向上装入面瓣夹具，然后放平，左手大拇指松开重新拿起夹具，借助放大镜观察钻石台面是否与夹具边平行。

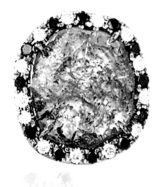
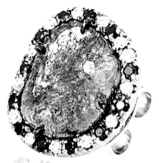

天然钻石原石耳环

对棱

　　左手中指、无名指和小拇指握住机头，大拇指和食指捏住左边的左右微调旋钮来回转动，并借助放大镜观察。

　　磨冠四八时使任意一个底四八的倒影指向正上方（钟表的 12 点位置）。磨星瓣时使任意一条冠四八的棱线指向正上方，压舌稍微盖过底尖。在磨第一个冠四八到一半的时候，应该检查三角形面是否等腰，如果不等腰必须进行调整。第一个瓣面究竟是冠四还是冠八，或是对应八面体晶面的星瓣还是对应十二面体晶面的星瓣不好判断，总之对好棱以后，先在上位试磨，不行再转下位，如下位还磨不动，再转到 45 度或 135 度角就可操作了，因为四向纹只有这 4 个方向。

钻石戒指

18K 白金镶嵌 114 颗钻石，总重约 3.03 克拉

华丽蜕变

钻石

钻石·宝石·水晶形成、开采加工与成品 ●

蓝宝石配钻石吊坠

研磨过程

1. 将已打磨好底瓣（亭部）的钻石，底瓣向下安装在面瓣夹具上。

2. 将钻坯放到磨钻机上，对准底瓣 V 位处打磨面 8 瓣，共 8 个面。

3. 在八瓣中的每瓣下面两边磨出 2 个半瓣，共 16 个半瓣。

4. 从八瓣上角位棱线打磨 8 个星瓣，即完成冠部 32 个瓣面。

蓝宝石配钻石耳环

》成品处理

钻石清洗

将已完成加工的钻石利用硫酸、酒精等化学试剂进行清洗，清洗掉在加工中粘附在钻石表面的杂质、油污等。

成品分选

成品钻石经过清洗后，根据钻石的自身特征，按车工、颜色、净度、大小的分级标准进行分类，将钻石按不同颜色分为多个级别；净度分级主要是将完成颜色分级后的钻石进行不同级别的净度分选。

包装入库

钻石会被包装起来，并附带着证书一同存入库房等待销售。

钻石花枝胸针

世界钻石的加工中心

目前世界上有 4 个主要的切磨中心：以普通商业钻为主的印度孟买、以高质量圆明亮琢型切工为主的比利时安特卫普、以异型钻为主的以色列特拉维夫和以大颗粒钻石为主的美国纽约。此外，中国、南非、泰国、俄罗斯也正迅速成为新的钻石加工、切割中心。

钻石吊坠

Diamond

钻石　宝石　水晶

钻石吊坠

钻石吊坠

　　但业界常提的"印度工""比利时工""以色列工""俄罗斯工"与上述切割中心并无绝对的对应关系，如"俄罗斯工"指钻石具有很好的切磨质量，而并非强调加工地一定在俄罗斯。

　　说到钻石的加工，不得不提的便是印度，印度自古以来就是钻石的加工中心。一颗钻石被挖掘出来，先是卖到交易中心进行销售，然后被送到印度的加工厂打磨切割，最后变成消费者手上典雅高贵的饰品。

　　印度的钻石加工中心在古吉拉特邦的苏拉特市，这里有全世界最大的钻石切割和打磨中心。据统计，全世界大约 90% 的钻石是在苏拉特进行切割和打磨的。而这座城市在钻石和珠宝行业中开展相关业务的企业大概有 25000 家。据说全世界每 12 颗钻石中就有 11 颗是在这

钻石吊坠

里加工而成的，在这里仅涉及钻石加工业的工人就达 130 万。从孟买出发，只需 4 个多小时的车程便能来到苏拉特。以钻石加工业和纺织业闻名于世的古吉拉特被称为印度的"广东"，它拥有一条狭长的海岸线，向来以商贸著称。

在将近两千年的时间里，印度都是世界上唯一一个开采钻石的国家。1730 年，人们在南美洲发现钻石后，钻石生产中心转到了巴西。到了 19 世纪末 20 世纪初，又逐渐转移到了南非。因为印度钻石矿的储备并不丰厚，随着不断地开采，钻石资源逐渐开始枯竭，印度开始从国外进口钻石。以商贸著称的古吉拉特邦的苏拉特市基本垄断了印度的钻石加工，苏拉特的钻石都是从比利时的安特卫普交易中心进口的。安特卫普汇集了包括来自南非等地的供应商在内的原钻提供商和来自印度等地的钻石加工商，双方在这里进行原钻交易。完成交易后，

钻石吊坠

在印度西部城市苏拉特，工匠们将逐个把这些毛钻打磨出耀眼夺目的光芒。精湛的技术和低廉的劳动力让印度在全球钻石产业中扮演着重要角色。在印度，每加工1克拉钻石大约耗费成本10美元。而在中国是17美元，在南非是40—60美元，在以色列需要100美元，在比利时需要150美元。

原钻从比利时等地运到苏拉特后，就要开始打磨切割。这是重要的一环，直接影响到钻石的价值。钻石的分级标准为"4C"（即颜色Color、纯度Clarity、重量单位克拉Carat和切割

Diamond

钻石　宝石　水晶

钻石吊坠

18K 白金钻石耳坠

Cut），其中切割完全靠手工完成，占据了钻石价值标准的1/4。切割钻石需要娴熟的技艺，这是衡量一颗钻石价值的最为关键的一个环节。为了使每一颗钻石都能呈现出最大的价值，设计切割方案尤为重要。电脑画样是钻石切割的第一步。

　　首先钻石会被进行三维扫描，图像立即传入设计者的电脑。通过他们的计算机系统，即使一颗很小的原钻图像也能被放大几百倍，通过这个三维图像，设计者就能确定出最佳的切割方案。

18K 白金群镶圆钻石戒指

钻石项链

钻石吊坠

钻石吊坠

钻石吊坠

18K 玫瑰金钻石吊坠

Diamond

钻石 宝石 水晶

钻石吊坠

第二步是画线，技师拿着放大镜先检验钻坯，根据计算机设计出来的图纸在钻石表面留下标记。钻石切割的目的是制造出最大、最干净、最完美的钻石，画线技师就是根据计算机图纸和钻坯结构的实际情况，确定出切割方案。一般的钻坯几分钟就可以搞定，但如果是大颗粒钻石，这项工作则需要数周乃至数月。

华丽蜕变

钻石·宝石·水晶形成、开采加工与成品 ●

钻石戒指

画线后，将钻石进行切割，先进的激光技术大大提高了钻石切割的效率和准确率。切割完毕，这些钻石半成品再根据设计要求来进行打磨。心形、圆形、椭圆形、榄尖形等是较为常见的切割花形。在打磨期间，技师要不停地将钻石取下，透过放大镜观察是否达到要求。等打磨出所有的刻面后，钻石就会发出明耀的光彩。

葫芦型钻石戒指

18K 玫瑰金项坠

苏拉特的钻石除了内销印度外，绝大部分被销往世界各地，这其中也包括中国，现在印度已经形成了与钻石有关的两个中心，一个是孟买的钻石交易中心，另一个是苏拉特的钻石加工中心。

紫水晶钻戒

钻戒

钻石首饰的选购

》爱情的象征——钻石戒指

"钻石恒久远，一颗永流传"，钻戒作为爱情和婚姻的重要信物，长久以来都被人们当成表达爱情的最佳礼物。钻戒有着悠久的历史渊源，有着非常美好的传说。戒指是最常见的佩戴饰品，同时也是最流行的镶宝饰品。钻石作为一种具有高贵象征意义的饰品，越来越受到人们的欢迎，成为了继黄金、铂金之后的第三大珠宝类消费品。

钻戒

12.19 克拉钻戒

钻石形状：圆形

净度：IF

颜色：D-F

淡彩黄色钻戒

钻戒的款式与类型

戒指是一种表达个人情感、展现佩戴者个性与生活方式的载体。

钻石戒指款式多种多样，主要有爪镶型、包边镶款型、槽镶型、钉镶型、迫镶型、柱镶型等6种镶嵌类型。

铂金结婚心型婚戒

总重：4克左右

钻石重量：1克拉

颜色：K-L

净度：SI

切工：EX

镶嵌材料：PT950 铂金

证书：CMA 国家级权威珠宝鉴定证书

0.53 克拉群镶伯爵公主钻戒

镶嵌材料：18K 白金

钻石重量：0.53 克拉

主钻：0.33 克拉

副钻：0.2 克拉

金重：约 2.3 克

净度：SI

颜色：I–J

切工：VG

证书：CMA 国家级权威珠宝鉴定证书

爪镶型

爪镶型是最常见也是最普通的钻戒镶嵌类型，这种镶嵌类型能更好地反射光线，突出钻石炫目的光泽，让钻石格外引人注意。这种镶嵌型更适合单颗钻石女戒。爪镶型多为六爪、四爪和三爪，六爪镶嵌常被称为皇冠型爪镶。从制作上来说，爪镶工艺简单，用金较少，制作成本较低，而且能更加凸显出钻石的熠熠光辉，正因如此，爪镶型备受女性的青睐。但是爪镶的钻戒钻石裸露较多，佩戴时应注意小心爱护，避免因磕碰而损坏钻石。爪在顶部的钻戒，常会钩住衣物，造成钻石松动，因此佩戴时要特别小心注意，防止因钻石松动致使钻石遗失。

经典六爪款 0.48 克拉钻石女戒

平均金重：1.80 克

戒指宽度：约 0.2 厘米

舒适度：非常舒服

镶钳材料材质：G18K 白金

证书：CMA 国家级权威珠宝鉴定证书

颜色：I-J

净度：SI

钻石重量：单颗圆钻 0.48 克拉

切工：比利时优质切工（八心八箭）

颜色分类

钻石的颜色很丰富，一般将钻石的颜色分为三个系列：

1. 普通系列（开普系列）：主要为Ⅰa型钻石。颜色包括白、黄、棕，含氮量越高，颜色越黄。

2. 彩色系列：彩钻，主要成因是无色钻石内的微粒变化而产生的颜色，不同的变化产生不同的颜色，如蓝色主要分布在Ⅱb型。颜色愈罕有，价值亦愈高。彩钻的颜色，较常见的有棕色、金黄色、绿色，其他如红色、蓝色、粉红就不常见，往往可遇而不可求，如蓝色的"希望"钻石，堪称稀世珍宝，自然也价值不菲。高品质的粉红钻也被视为稀世奇珍，澳大利亚是全球粉红钻重要产地。

3. 不受欢迎的颜色：如乳白色、灰色、烟色、黑色，是因为钻石内含有微小气泡、石墨包体等杂质造成的。

通常人们所说的颜色分级主要是按普通系列钻石的颜色深浅进行分级的，以便对钻石进行评价。

在钻石的评估中，首饰界一般公认无色钻石是最好的，而浅黄色、棕色的则差；浅红色、蓝色、绿色和黄色的钻石被称为彩钻，属珍贵钻石。在鉴定钻石的颜色时，通常将鉴定的钻石与标准比色石进行比较，标准比色石的颜色是按照从无色的D级（最高等级）到黄色的Z级次序来排列的。

包边镶款型

包边镶款型是以贵重金属环边紧包住钻石。通常情况下，采用这种包边镶款型的都是男式钻戒，因为这种镶嵌能够更好地保护钻石，尤其是加强对钻石亭部和腰部的保护。当然，包边镶的优点还在于能把钻石更加牢固地固定住，使之不易松动。不过，包边镶也有不足之处，就是用金较多，且制作工序上较为繁杂，其成本也就变得很高。而且包边镶使得钻石四边被包住，导致进入钻石的光较少，因此钻石的光线反射就显得较弱，其耀眼的光泽也得不到充分展现。

18K 白金 0.55 克拉钻戒

镶嵌材料：18K 白金

镶嵌方式：包镶

金重：约 2.0 克

主钻：0.35 克拉

副钻：0.2 克拉

颜色：I–J

净度：SI

切工：VG（比利时顶级切工）

证书：CMA 国家级权威珠宝鉴定证书

槽镶型

槽镶型是把钻石平行镶嵌在金属托的槽沟中，因此又被称作轨道镶嵌，这种镶嵌可以单粒镶嵌，也可以多粒镶嵌，当然多粒镶嵌的成本较高，若镶嵌时用力不均，还容易造成钻石损坏等。从佩戴来看，这种款式的钻戒男女都适合。

钉镶型

钉镶型是将很多颗粒较小的钻石，按一定顺序密集地镶嵌在已经做好孔洞的戒指上，让钻石与戒指几乎处在同一平面上。然后在钻石四周的金托上铲起钉子压紧钻石。这种镶嵌方式通常用在女式钻戒上，其优点是，它比爪镶型款式能更好地保护钻石。从钻石的光泽效果来看，这种镶嵌款式让钻石大部分裸露在外，进入钻石的光线较多，因此就会产生更好的视觉效果。但是，这种镶嵌的缺点是危险性大，因为钻石很脆，在镶嵌过程中很容易被损坏。从钻石的固定来看，钉镶款式钻石的固定程度不如上述其他款式，钻戒的表面也不平整。

迫镶型

迫镶型又被称作逼镶型，这种镶嵌的工序是，先将钻石放入能包住钻石腰部的金属托上的孔洞中，然后压住钻石，使其固定。这种镶嵌型的钻石款式美丽大方，且能有效保护钻石腰部。不过，其不足之处是制作过程较为繁杂，镶嵌时也容易损坏钻石。这种迫镶型款式常见于男式钻戒。

柱镶型

柱镶型是复古的镶嵌工艺，柱镶的柱爪相对爪镶的爪较粗，呈柱状。金属柱爪将每一颗宝石独立分开，宝石侧面露出的部分折射出美丽的光泽。

Diamond

钻石　宝石　水晶

18K 白金钻石戒指

金重：1.512 克

材质：18K 白金

戒指宽度：0.5 厘米

手寸：12

钻戒与手型的搭配

选择钻戒时，一定要注意佩戴戒指的人的气质、手和手指的形状。应根据不同的手和手指的特点来选购不同的钻石琢型、镶嵌款式和尺寸大小的钻戒。例如：

修长手形：这种手形被认为最适合佩戴戒饰，任何款式及切割形状的钻石都能与之完美结合，若配上大粒钻石，则显得饱满俊秀；若是细环戒托镶单粒美钻，则尽显其手指的清秀高雅。

粗短手形：建议粗短手形的人挑有棱角和不规则的设计，镶有单粒梨形和椭圆形钻石的戒指能让短小的手指显得较为修长。不建议这种手形的人佩戴戒圈宽阔的钻戒，因为宽阔的戒环会使手指显得更为短小。

彩金钻石戒指

Diamond

钻戒

钻石重量：共 0.3 克
拉（主石 1 颗，0.11
克拉；副石 8 颗，共
0.19 克拉）

颜色：I－J

净度：SI

切工：VG

金重：约 1.65 克

材质：18K 白金

证书：CMA 国家级权
威珠宝鉴定证书

　　细瘦手形：应选购公主形、长方形和圆
形的钻石，镶嵌宽阔的指环，这样可显现厚
实稳重之感。可在主钻旁配镶一些璀璨的小
钻，钻石颗粒尽量不要太大。

　　娇小手形：单颗圆形钻戒是最佳的选择，
这种款式简洁清丽、优雅秀美，佩戴后青春
活力跃然而生。

　　丰满手形：手形丰满的人不要佩戴过于
小的钻戒，大粒的橄榄尖形或椭圆形钻石可
彰显大气又不失秀丽。梨形和心形的钻石也
是不错的选择，款式上也可大胆创新。

18K 白金钻石戒指

金重：2.99 克

材质：18K 白金

戒指宽度：0.5 厘米

手寸：7

18K 白金钻石戒指

金重：2.10 克

材质：18K 白金

戒指宽度：0.7 厘米

手寸：15

18K 白金钻石女戒

主钻：1 颗，0.5 克拉

副钻：12 颗，共 0.06 克拉

颜色：I-J

净度：SI

切工：VG

金重：约 2.50 克

材质：18K 白金

证书：欧洲宝石学院证书 EGL（裸石），CMA 国家级权威珠宝鉴定证书（成品）

Diamond

钻石 宝石 水晶

18K 白金钻石女戒

主钻：0.5 克拉

颜色：I-J

净度：SI

切工：EX

镶嵌材料：18K 白金

证书：CMA 国家级权威珠宝鉴定证书

18K 白金钻石戒指

颜色：I-J

净度：SI

切工：VG

证书：CMA 国家级权威珠宝鉴定证书

18K 白金钻石女戒

主钻：0.05 克拉

副钻：0.08 克拉

颜色：20 分以下不分级

净度：20 分以下不分级

切工：VG

镶嵌材料：18K 白金

证书：GIC 权威鉴定证书

皇冠钻戒

钻戒

》高贵优雅——钻石耳饰

耳饰的类型和款式

耳饰能够完美展现女性的魅力，不同类型的耳饰和不同脸型配合，可以弥补面部视觉效果的不足。耳饰的类型和款式分为耳环、耳钉、耳坠、耳钳等。

1.耳环。是环状的耳饰。镶嵌钻石的耳环，常用各种不同组合方式把钻石固定在耳环上。

2.耳钉。是在镶嵌钻石的金属托底部背后焊接一根和主平面垂直的钉，在钉的尾端有卡口，需要用耳背（也叫云头）把耳钉固定在耳垂上。耳钉比较简洁大气，可以把女性的秀丽和干练显示出来。

3.耳坠。由两部分组成，一是耳钉，或为耳钩，和耳朵主体固定在一起；另一部分是耳坠的主体结构，两个部分连接在一起。还有耳线也是耳坠的一种。

4.耳钳。是在镶嵌钻石的金属托底的背后焊接一个夹子的耳饰。耳钳佩戴非常简便，只要把它夹在耳垂上就可以了。因为佩戴耳钳不用打耳孔，所以特别受那些既想戴耳饰，又不想打耳孔的女士的青睐。不过耳钳松了容易丢失，紧了可能造成对耳朵的伤害。

天然帕拉依巴碧玺配钻石雪花形耳坠

耳饰与脸型的搭配

方形的国字形脸或三角形脸的女性，选择圆形或花枝状耳饰能够给观者以视觉效果上的调整，使方形或尖形的下颌不那么突出。

而圆形面庞的女性应尽量避免选用圆形的钻石耳饰，如果选购这种款式，并悬垂佩戴，配上圆形脸会给人滑稽可笑之感。正确的选择是方形或带角形的款式，而且要紧贴面庞佩戴，这样圆脸看上去就没有那么浑圆了。

对于椭圆形、鹅蛋形脸或瓜子脸的女士而言，对钻石耳饰款式的选择余地会大一些，但以佩戴吊形款式和长形款式效果更佳，因为吊形和长形的耳饰与椭圆形面庞更觉相配，能使女士尖削的下巴显得宽大一些。

耳饰与发型的搭配

对人脸起主要装饰作用的耳饰和发型，两者必须协调统一，倘若耳饰和发型配合得当，可达到清丽秀美、楚楚动人的效果。

1.掩耳式发型。耳环可佩戴荡环，如只有一只耳露出，可佩戴大而短的荡环，这样此耳刚好与另一边乌发对称。项链可选择短而细的项链，与浓发形成反差。

2.露耳式发型。耳环可选插环，也可选荡环，若下半部脸较丰满，佩戴较大的单个插环较为适宜，厚发则以荡环较好，头发较少者吊饰物应小而轻盈。

钻石耳坠

钻石

钻石净度分级

净度是指钻石的透明程度。钻石的净度分级主要是根据钻石的体积、内含物的数量与瑕疵来对钻石进行评级。钻石的净度是评估钻石最重要的指标之一。国家标准将钻石净度分成LC、VVS、VS、SⅠ、P五个大级别，并进一步细分成10个小级别，即 LC、VVS1、VVS2、VS1、VS2、SⅠ1、SⅠ2、P1、P2、P3。国际净度要求与 GIA 的净度要求基本一致。

GIA 将钻石净度划分为 11 个等级，从完美无瑕（FL）开始，即指钻石内部和表面均无瑕疵，然后按顺序到最低的瑕疵级（I3），形容凭肉眼就能发现钻石内的内含物与瑕疵。

1.FL（Flawless）级是完全洁净级，钻石内外无任何缺陷。完美级钻石也容许在其亭部有多余的小刻面，但小刻面从钻石台面上看不到。还容许天然原生小晶面或解理面的大小不超过腰围的宽度。内部有极微细小点，既无色又不影响透视。

2.IF（Internally Flawless）级是内部洁净级，内部无任何瑕疵，表面有一点瑕疵，重新抛光即可除去。

3.VVS（Very Very Slight Included）级是非常非常细微的内部瑕疵级，是指钻石在 10 倍放大镜下观察，专业鉴定师可发现一些极小瑕疵，但一般难以确定其大小及准确位置。VVS1、VVS2 有极微小的瑕疵，只有从亭部可以观察到，或表面有很小的瑕疵，VVS1 与 VVS2 的区别就在于 VVS2 有极小的棉状点及小毛茬等（基本上内部没有什么缺陷）。

4.VS（Very Slight Included）级是很轻微的瑕疵级，是指在 10 倍放大镜下，专家可观察到瑕疵的大小及确切位置，但瑕疵数量小，分布的位置也不明显（如在亭部）。这一级别的钻石，可分为 VS1、VS2。VS1 及 VS2 的区别在于 VS2 可能有微小的棉状物及毛茬。

5.SI（Slight Included）级是轻微瑕疵级，指在 10 倍放大镜下，很容易观察到瑕疵及包裹体。瑕疵的位置也较明显。SⅠ又可分为 SⅠ1、SⅠ2、SⅠ3。其中 SⅠ1、SⅠ2 在放大镜下可明显地看到瑕疵，但肉眼不易看见。

6.Ⅰ（imperfect）级则指有明显瑕疵的钻石，甚至不用 10 倍放大镜也可见到瑕疵。据瑕疵的数量及明显程度，分为Ⅰ1、Ⅰ2、Ⅰ3。这三个级别肉眼都能看见瑕疵，只是明显程度不同，个别有明显的解理和裂隙。

一般说来，假如一般人用 10 倍放大镜很容易找到钻石的瑕疵，该钻石的净度一定在 SⅠ级以下。如肉眼都能看见瑕疵，则该钻石的净度为Ⅰ级。

》绚丽多彩——钻石项链

人类最早发明的装饰物就是项链，早期人类的服饰造型简单，颈部裸露在外，十分适合佩戴饰物，于是项链应运而生。佩戴项链，向上可修饰脸部，向下可与服饰产生共鸣，与手上的装饰物相比对人类活动产生的影响也较小。同时人体的颈部线条优美，再加上项链的点缀便更显其柔美细腻。所以说与其他装饰物相比，项链处在一个极其重要的位置上，而正是这个特别的位置让项链在人的整体装扮中起到画龙点睛的作用。除了项链本身的装饰功能之外，有些项链还具有特殊的作用。

Diamond

钻石 宝石 水晶

钻石项链

钻石水晶项链

从古至今人们为了美化自身，创造了各种不同风格、不同特点、不同款式的项链，满足了不同肤色、不同民族、不同审美观的人群需要。

现在很多新人结婚时钟爱钻石套装饰品，不仅要有钻戒，而且还要有钻石耳饰和钻石项链等。其中钻石项链是装扮新娘的重要配饰，如今大多数新娘喜欢选择露肩礼服，肌肤在白纱的映衬下美艳无比，此时如再佩戴上款式适宜的钻石项链或吊坠，闪耀的光芒会令新娘更加明艳动人 。

钻石吊坠

　　吊坠也是钻石首饰的基本种类之一，经常和项链组合使用，常见的吊坠有带爪型吊坠、无爪型吊坠、多层型吊坠等几种类型。

　　1. 带爪型吊坠：在带爪的吊坠里，爪镶吊坠是最常见的一种类型，吊坠上的钻石依靠镶爪来固定。这种类型的钻石吊坠结构简单，以其简洁、明快的款式深受欢迎。

　　2. 无爪型吊坠：此种类型的吊坠多以镶有钻石的金属包边来取代爪的作用，其制作过程较为复杂，但相对豪华一些。无爪吊坠钻石镶嵌牢固，但钻石光彩稍受影响。

　　3. 多层型吊坠：两层或两层以上的单吊坠叠合在一起构成，这种吊坠结构较为复杂，制作工序也相对繁琐，但是佩戴上此种吊坠之后，更显高雅华贵。

K 金镶钻项链、耳环、戒指套装

规格：项链重 58.41 克，长约 35 厘米；耳钉重 7.74 克；戒指重 10.30 克，戒圈 15#；钻石，18K 金，意大利工艺设计。整体采用双色金镶嵌，密镶钻石盘旋环绕成层层叠叠、光芒闪烁的圆圈，层次性更加丰富，淋漓尽致地展示了群镶钻石的火光与亮光。

天然彩色钻石项链

钻石项链与颈部的搭配

脖子粗短的人

脖子粗且短的人缺少一种挺拔的感觉，假如一个人的脖子本身就很短，戴上项链之后只会显得更短。因为项链的长度几乎和脖子的尺寸相同，佩戴后形成了一条横的线条。项链在脖子上形成的分割线会使其他人产生项链佩载者的脖子被分成上下两截的感觉，在视觉效果上就会显得更短。因此建议脖子粗短的人佩戴细长的或带有挂件的项链，这样会使短脖子有拉长的感觉，因为项链的"V"形线条所引起的视觉效果会使项链有向下垂挂之感。

脖子细长的人

脖子细长的人不适合佩戴太长的项链，因为项链的纵向视觉拉伸作用，会使本来就细长的脖子显得更长。颈部比较长应选择佩戴小巧精致的短项链，脖子细长的年轻女士可佩戴仿丝链，更显玲珑娇美；年龄较大的女士可选用粗实的马鞭链，更显成熟魅力。项链的颜色尽可能选择浅一些的，这样既突出了脖子的秀美，又不会让脖子显得很长。

18K 白金钻石项链

彩钻澳珀红蓝宝石 18K 乌金胸花兼吊坠

规格：总重量 63.45 克。欧珀石 13.15 克拉，钻石 2.06 克拉，红蓝宝石 4.69 克拉，石榴石 8.72 克拉。

钻石项链与脸型的搭配

圆形脸的人

圆形脸的人不适合戴短项链或者由圆珠串成的大项链，过多的圆线条不利于调整脸型的视觉效果。如果佩戴长一点或带坠子的项链，可以利用项链垂挂所形成的"V"字型角度来增强脸与脖子的连贯性，也就是说以脖子的一部分与脸部相接，可使脸部的视觉长度有所改变。

方形脸的人

方形脸的人如果戴上一串漂亮的项链，可以缓和其脸型的方正线条。但如果佩戴串珠项链，珠形应避免菱形或方形。

钻石项链

三角形脸的人

三角形脸的特征是额部窄小、下颌部宽大。佩戴项链时，可以选择长项链。因为长项链佩戴后所形成的倒三角形态，有利于缓解下颌宽大的视觉效果。

倒三角形脸的人

倒三角形脸呈现出的特点是额部宽大饱满、下颌尖瘦。这种脸型由于接近理想的椭圆形，所以可供选择佩戴的项链的范围比较大，无论长短、粗细都较为相宜。但如果下巴过于尖，则应避免佩戴带尖利形挂件的项链。

长脸形的人

长脸不适合佩戴长项链或有坠子的项链。因为项链下垂后形成的长弧状，容易使脖子与脸部连在一起而加深长脸的印象。短而粗的项链、套式项链，都比较适合长脸形的人。

脸形窄而瘦的人

脸形窄而瘦的人，如果表情也比较冷漠，尽量不要戴黑色项链，以免给其他人留下过于冷峻的印象。如果戴上浅色的、闪光型的项链，可以使面部显得丰满并增添几分活跃的气质。

18 世纪晚期古典风格缅甸红宝石钻石项链

钻石项链与肤色的搭配

皮肤白皙细腻的人

皮肤白皙细腻的人佩戴任何颜色的项链都会好看。如佩戴白色等浅色项链，具有柔和、自然、含蓄的美感；如果佩戴黑色等深色调项链，会将皮肤衬托得更加白皙、完美。任何颜色的项链，在白色皮肤的对比下，都会光彩倍增。

肤色深的人

肤色深的人在佩戴项链时，需要谨慎挑选。通常来说，这样的人不适合佩戴浅色调的项链，因为浅色项链会让肤色显得更深。如果脸色是黑里偏黄，那么金、琥珀、玛瑙、紫铜等色彩较好。因为这些项链的颜色呈黄色调，又比肤色要深，这可在协调中衬托皮肤。如果肤色为黑里透红，那么黑曜石项链、金项链、紫水晶项链较适合，翡翠、绿宝石等绿色调项链会使肤色更暗。在大多数情况下，白金、黄金、钻石项链都容易与各种肤色相配。

钻石项链与服装饰品的搭配

钻石项链与服装风格搭配

钻石项链应和服装和谐呼应。如：当身着飘逸、柔软的丝绸衣裙，佩戴精致小巧且较细的项链，看上去会更加动人。

钻石项链与服装颜色搭配

钻石项链的颜色与服装的色彩成对比色调为好。如：穿单色或素色的衣裳，佩戴色泽鲜明的项链，会让整个人都变得耀眼夺目，在首饰的点缀下，服装色彩也显得丰富。身着色彩鲜艳的服装，佩戴简洁色纯的项链，可以使色彩产生平衡感。

钻石项链与其他首饰搭配

钻石项链应该跟同色、同质地的耳环或手镯搭配佩戴，这样可以达到最佳效果。

钻石项链

钻石项链

钻石首饰的养护

　　购买钻饰除需要考虑经济承受能力、美观程度等因素外，更要注重其款式及寓意。因为钻石象征着爱情的甜蜜与婚姻的幸福美满，所以在选购与佩戴时自然与其他首饰不同，如在钻石腰部以激光技术标注结婚纪念日、在钻戒内壁以钢印打上夫妻双方名字的缩写或夫妻双方的爱情誓言等，以物明志。因为钻石的特殊性，其保养应注意如下3个方面。

　　1.小心佩戴。钻饰往往采取爪镶，所以应避免剧烈运动或日常工作与生活中对钻饰的碰撞，避免因为镶爪折断等原因而引起钻石松动或脱落。

　　2.保持清洁。钻石有亲油性，各种化妆品均会使其表面黯淡无光，佩戴一段时间后，建议到专业的珠宝首饰店清洗，或定期抛光（首饰翻新）。

　　3.单独存放。钻石是所有宝石中硬度最高的，因此在存放时应与其他首饰分开存放，以防磨损其他首饰。

钻石对戒

钻石的优化处理

钻石的优化处理，目的是改善钻石的颜色和净度，提高钻石的价值。

》改色

钻石改色的方法，主要有辐照处理和高温高压处理两种。

利用辐照法（该法包括放射性辐照和加热处理），可成功的将钻石改成彩色，即可将无色或浅色钻石改成蓝色、绿色、黄色、橙色、粉红色或红色等。

》激光打孔与充填

激光打孔是改善钻石净度常用的处理方法。钻石内含深色的包裹体对钻石的净度有很大的影响，为改善钻石的净度，采用激光束打孔和化学药品处理的方法，将深色包裹体去除。对留下的激光孔眼，用折射率与钻石相近的无色透明物质（如玻璃）进行充填。这种方法虽然去除了深色包裹体瑕疵，但激光孔和充填物却形成了另外一种新的瑕疵。所以，激光打孔只能改善钻石的净度，不能除去钻石的瑕疵。

此外，对有裂隙或孔洞的钻石，也常用充填物将裂隙或孔洞填合，这种方法也属于改善钻石净度的处理方法。

识别改色钻石的方法

　　用具有强放射性的镭化合物对钻石照射，可以使钻石变成绿色，且颜色经久不退。但这种改色钻石具有较强的放射性，长时间佩戴会损害人的健康。可用"伽马仪"进行检测，这样既不会损伤钻石首饰又能测出它的放射强度。在没有仪器时，也可将一小片洗照片用的放大纸（或黑白照相底片）和钻石用黑纸包在一起，几个小时后将放大纸（或底片）显影，如果钻石有放射性，放大纸上或底片上会出现黑斑。

　　据说，采用核子加速器，用高速电子或中子轰击钻石，可使钻石呈罕见的褐色、深黄、绿色或蓝色。这类改色钻石没有放射性，识别它们也相当困难。其他识别改色钻石的方法有：①从顶面观察时，有些改色钻石会出现"伞状影像"，或有带色的暗圈。②鉴于天然蓝色钻石都是IIb型，故知凡没有IIb型特点的蓝色钻石肯定是经过人工改色的。

钻石戒指

钻石的鉴别方法

》钻石与立方氧化锆的鉴别

无色的立方氧化锆折光率和色散与钻石很近似，硬度又高达 8.5，属于无双折射的均质体，是钻石的最佳的代用品。当立方氧化锆被琢磨好后，外观上与钻石非常相像，有着美丽耀眼的彩色光芒，并且和钻石一样，也是没有双折射的均质体。因此，立方氧化锆刚生产出来时，经常被人用来冒充钻石。

区分真钻石与立方氧化锆的依据：一是硬度，立方氧化锆的硬度低于人造蓝宝石和碳化硅，当用它来刻划人造蓝宝石或碳化硅的光滑平面时，只会打滑而不能划出伤痕。二是立方氧化锆的密度是钻石的 1.59—1.7 倍，故它的手感比较沉重。同样大小的成品，立方氧化锆要比真钻石重得多，而同样重的成品，立方氧化锆又要小得多。此外还可用重液法测定。在一个小杯子中倒入一些密度约为 $4g/cm^3$ 的重液，将待鉴别的宝石投入重液中，真钻石因密度低于重液会上浮，而立方氧化锆因密度高于重液会迅速下沉，由此可以准确地区分它们。

》钻石与钛酸锶的鉴别

钛酸锶是自然界中不存在的人工合成物。经琢磨后，因折射率与钻石相同，故外观与钻石很相似。但它的色散是钻石的 4 倍，闪光的色彩更为浓重富丽，带有不悦目的乳白光。与真钻石区别，钛酸锶的摩氏硬度仅 5.5，用钢针加力刻划，就可能将它划出伤痕，而用它刻划人造蓝宝石甚至划水晶，都只会打滑划不动。钛酸锶的密度为钻石的 1.4 倍，手感有些沉重，用重液法可以迅速区分钛酸锶与真钻石。用放大镜仔细观察可以发现，琢磨后的钛酸锶各个小抛光平面相互接触的棱有呈圆形的感觉，而真钻石小平面相互接触处的棱是非常尖锐平整的。

》钻石与闪锌矿的鉴别

天然的无色透明闪锌矿经琢磨后，看起来很像钻石，它的折光率和色散数值都与钻石近乎相同。闪锌矿的硬度太低，用钢针可以轻易地在它的表面划出深深的伤痕。因此，琢磨好的闪锌矿是不能被镶在首饰上佩戴的，因为它用不了多久就会被磨毛而失去光泽。

钻石项链

》钻石与人工合成白钨矿的鉴别

　　无色透明的天然白钨矿是罕见之物，市场上所见多半是人工合成品。人工合成的白钨矿经过琢磨后，彩色闪光浓重庸俗，并带有混浊的乳白光，看起来不如钻石美丽。最好的鉴别方法是密度测量，白钨矿密度是钻石的 1.74 倍，通过重液法可以方便而又准确地区分它们。当然，利用刻划人造蓝宝石或碳化硅平面来测试其硬度，也是有效的方法。

钻石项链

》钻石与黄玉、尖晶石、水晶和玻璃的鉴别

　　黄玉尖晶石、水晶、玻璃的折光率都低于1.8，色散很小，故琢磨好的成品看起来只具有玻璃光泽，缺少钻石那样闪烁的彩色光芒，有经验的人一看便知，可在折光仪上测定折光率，可用刻划硬度的方法将它们与钻石区分开。还有一种简便的识别方法：将宝石放在报纸上，刻面的台面朝下，如果是折光率低于1.8的宝石，可以透过宝石读出报纸上的字迹。如果是折光率高于2.0的宝石，则看不见报纸上的字迹。钻石折光率高达2.4，是不可能透过它看见报纸上的字迹的。

Gem

第二篇

em

宝石

石之精华

2

宝石概论

　　从广义上说，珠宝玉石，泛称宝石。宝石就是指一切经过琢磨、雕刻后可以成为首饰或工艺品的材料，是对天然珠宝玉石和人工宝石的统称。但是从狭义概念上说，宝石仅指自然界产出的，具有色彩瑰丽、晶莹剔透、坚硬耐久的性质，并且稀少及可琢磨或雕刻成首饰和工艺品的矿物、岩石和有机材料。在本书中我们详细讲的就是国际上的四大宝石——金绿宝石、红宝石、蓝宝石和祖母绿，以及人工宝石和人造宝石。常见宝石指有一定产出量、广为人知且广受人们喜爱的各种宝石，这其中既包括价值连城的金绿宝石、祖母绿、红宝石、蓝宝石等名贵宝石，也包括碧玺、尖晶石、锆石、橄榄石、托帕石、石

宝石戒指

榴石等中等价值的宝石，它们几乎占据了宝石市场的全部份额，因此为常见宝石。"少见宝石"这一名字近几年出现频率较高，主要指能称得上宝石，但又产出较少且所占市场份额很少的矿石，包括方柱石、黝帘石、磷灰石、榍石、绿帘石、符山石、堇青石等。对于不少宝石爱好者来说，它们的名字并不陌生，如果有心寻找也不难收藏到称心如意的标本。

宝石的世界流光溢彩，其真正的魅力则应归为秀外慧中。正是一定晶体结构与特定化学成分的完美结合，才造就了宝石晶莹剔透的质地、五彩斑斓的颜色、清澈若水的透明度与亮丽夺目的光泽。

中国流传着很多关于宝石的传说、典故，记载了国人珍爱、收藏宝石的历史，以及历经千百年形成的宝石文化。时至今日，人们对宝石的喜爱之情更是有增无减，宝石也不再仅仅是象征身份和地位的奢侈品，而更多地成为了点缀生活、美化自我的装饰品。

绿宝石王冠

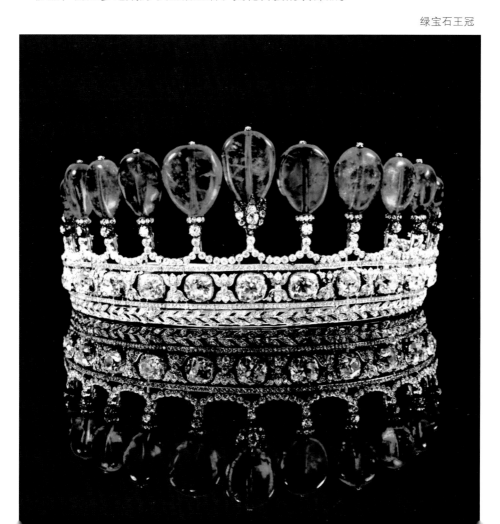

宝石的形成

　　宝石的种类有很多，本章中我们将着重介绍金绿宝石、红宝石、蓝宝石和祖母绿这 4 种比较珍贵的宝石，以及现在较为常见的人工宝石。

》金绿宝石的形成

　　金绿宝石又叫金绿玉，英文名是 Chrysobery1，源于希腊语的 Chrysos（金）和 Beryuos（绿宝石），意思是"金色绿宝石"。它之所以位列名贵宝石是由于它的两个具有特殊光学效应的变种，即无人不晓的猫眼石和变石。金绿宝石本身就是一种比较罕见的宝石，其中能形成猫眼和变色效应者更少，因而极其珍贵。金绿宝石中最著名的

金绿宝石原石

金绿猫眼石钻戒

就是变色猫眼石，它以其丝状的光泽和锐利的眼线而成为自然界中最美丽的宝石之一。金绿宝石主要产于花岗伟晶岩、细晶岩和云母片岩中，因为它非常坚硬耐磨，所以在溪流和砾石中也会存在。金绿宝石也能用人工的方法合成，只是人工合成的金绿宝石的质量远不如天然的。

金绿宝石的成因有伟晶岩型和气成热液型矿床两种。金绿宝石中具有猫眼效应的变种叫猫眼石；具有变色效应的变种叫变色石，二者都属于高档宝石品种，极为罕见和贵重。在所有宝石中，具有猫眼效应的宝石品种有很多，但在国家标准中只有具有猫眼效应的金绿宝石才能被称为猫眼石，其他具有猫眼效应的宝石都不能直接被称为猫眼石。

金绿猫眼石因产量稀少、耐久坚固、灵活美观而显得特别珍贵，是名贵的宝石。世界上著名的猫眼石产地有斯里兰卡西南部的特拉纳布拉和高尔等地，巴西和俄罗斯等国也发现有猫眼石。

猫眼石在矿物学中是金绿宝石中的一种，属金绿宝石族矿物。金绿宝石是含铍铝氧化物，化学分子式为 $BeAl_2O_4$，属斜方晶系，晶体形态常呈短柱状或板状。猫眼石有各种各样的颜色，如蜜黄、黄褐、棕黄、黄绿、褐黄、酒黄、灰绿色等，其中以蜜黄色最为名贵，透明至半透明，玻璃至油脂光泽。折光率 1.746—1.755，双折射率 0.008—0.010，二色性明显，色散 0.015，非均质体。硬度 8.5，密度 3.71—3.75 克 / 立方厘米，贝壳状断口。

人们最早是在砂矿中发现的金绿宝石，现在人们开采猫眼石的地方多是在坡积地河床中。原生金绿宝石的形成与上侵花岗岩熔融体的含铍挥发组分同富含铬组分的超基性岩相互作用有关。因此，原生金绿宝石多产在穿插于超基性岩的含祖母绿云英岩中（地质学者称之为气成热液矿床），金绿宝石和祖母绿通常生长在一起。原生金绿宝石形成后，遭受风化剥蚀便成为砂矿，在一定位置富集成矿，著名的斯里兰卡猫眼石和变石就产自砂矿之中。原生金绿宝石还产自伟晶岩脉中，

猫眼石

猫眼石

猫眼石手串

金绿宝石是熔融挥发组分作用的结果。由于一些可熔矿物的结晶，导致伟晶岩脉的形成。沿着围岩的裂缝和断层形成岩脉，金绿宝石在其中形成孤立的晶体，在伟晶岩脉中与金绿宝石共生的矿物还有碧玺、绿柱石和磷灰石。伟晶岩脉围岩多是古老变质岩（片麻岩），有可能是金绿宝石的源岩。

斯里兰卡是著名的金绿宝石产地，该国金绿宝石矿床位于康提城东南 60 千米处，已有 2000 多年的开采历史，是个大型的综合砂矿。含宝石的高原群由麻粒岩相变质岩组成，矿化面积约 2000 平方千米。与金绿宝石共生的宝石有红宝石、蓝宝石、锆石、尖晶石等。这些宝石均产于河谷冲积物之中，含矿冲积层一般厚 1.5—15 米，有时厚达 30 米。斯里兰卡产出的猫眼石质量极佳，以蜜黄色、光带呈 3 条线者为特优珍品。该国的猫眼石为世人珍爱，非常出名，并且还有专门的英文名：Cymophane。这种猫眼石有一种奇异的现象，当把其置于两个聚光灯束下，随着宝石转动，猫眼会呈现出张开闭合的现象。

金绿宝石的作用和功效

1. 金绿宝石常被认为是好运的象征，人们相信它会保护主人健康长寿，免于贫困。

2. 金绿宝石能促进细胞代谢、再生能力和血液循环，加速人体的新陈代谢，活化细胞，使细胞内的有害物质排出体外，有美容养颜、返老还童的功效，平衡内分泌，降低胆固醇，能改善糖尿病症状，同时也能帮助人们增强记忆力，缓解疲劳。猫眼石能够提高红细胞的携氧能力，降低血液黏度。

3. 猫眼石象征着勇气和力量，在东方常被当作辟邪的护身符，也可使人们勇于挥别过去的恋情。

4. 金绿宝石能防止身上的伤口情况恶化。

5. 猫眼石能促进炎症消退，消除肿胀和疼痛，改善胃炎、肠炎、肾炎、肩周炎与颈椎炎、关节炎、腰肌劳损等疾病的症状，对中年及老年人的帮助极大。

6. 猫眼石可以增强和改善人体免疫功能，提高人体对疾病的抵抗力，对各种老年性疾病如心脏病、冠心病有疗效。

7. 猫眼石能双向调整血压，患有高血压的人用之便可使血压降低。

8. 猫眼石能增加人思考时的灵感。

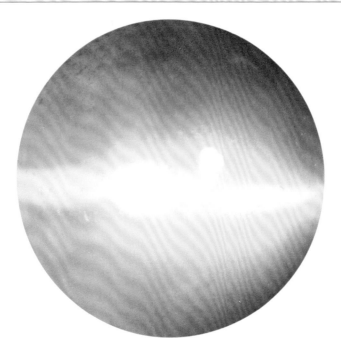

金绿猫眼石

》 红宝石的形成

红宝石的英文名为 Ruby，属于刚玉族矿物，三方晶系。因其成分中含铬而呈红到粉红色，铬的含量越高颜色越鲜艳。血红色的红宝石最受人们喜爱，俗称"鸽血红"。红宝石质地坚硬，硬度仅在金刚石之下。其颜色艳丽，可以称得上是"红色宝石之冠"。天然红宝石大多来自亚洲（缅甸、泰国和斯里兰卡）、非洲和澳大利亚，美国蒙大拿州和南卡罗来纳州也有出产。天然红宝石很罕见，因此异常珍贵，但是人造不算太难，所以工业用的红宝石都是人造的。传说佩戴红宝石的人将会健康长寿、爱情美满、家庭和谐。国际宝石界把红宝石定为"七月生辰石"，是高尚、爱情、仁爱的象征。

红宝石镀银摆件

天然红宝石戒指

18k白金镶钻红宝石胸针

大理岩型红宝石矿床成因

大理岩型红宝石矿床是红蓝宝石矿床的重要类型之一，更是国际珠宝市场上商品级和优质红宝石的主要来源。大理岩型红宝石矿床产于有深大断裂构造活动的深层造山变质带；含矿岩石是钙质结晶大理岩，含矿岩石中的角闪石为富铝贫硅含铬的钙质闪石，如含铬的镁砂川闪石；矿床成因类型属区域热动力变质型，而不是"矽卡岩型"或"气成热液型"。深层造山变质作用为红色刚玉晶体的形成及生长成为宝石级颗粒提供了热动力条件。

大理岩型红宝石矿床的形成机理为：在深层造山变质带中，一些含有铝土质或黏土质条带（或透镜体）的钙质碳酸盐岩，在强烈的区域热动力变质作用条件下，主体钙质碳酸盐岩发生重结晶作用形成具典型平衡变晶结构的钙质大理岩；其中的铝土质或黏土质条带（或透镜体）则发生了部分熔融和结晶分异作用，形成了含红宝石的矿物组合。红宝石的形成不仅要有富铝贫硅的化学成分条件，而且还必须在成矿体系中有一定的 Cr_2O_3 含量。因此，红宝石的共生矿物中也常出现富铝贫硅含铬的造岩矿物，如含铬的镁砂川闪石等。

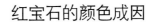
18K 金镶红宝石女戒

红宝石的颜色成因

经研究发现，红宝石的红色主要与化学成分有关。通过分析可知，红宝石的主要化学组成除 Al_2O_3 外，还含有少量的过渡元素 Cr、Ti、Ni、Fe、Co 等。红宝石的红色是由 Cr 致色的，而 Mong Hsu 红宝石的紫色调及蓝紫色核心的生成一般被认为是由含有 Cr_2O_3 和 Ti 的杂质引起的。Mong Hsu 红宝石的紫色调不排除因 Ti、Fe 之间的电荷转移而致色，更重要的是

红宝石原石

红宝石毛料

18K 金镶红宝石吊坠

Ti^{3+} 自身的电子跃迁而引起其红色带有紫色调及蓝紫色黑心的形成，Mong Hsu 红宝石的呈色机理是多种过渡离子的共同作用。红色致色离子为 Cr^{3+}，最外层的 3 个 d 电子发生 d-d 跃迁产生红色；蓝紫色调主要由 Ti^{3+} 自身的 d 电子跃迁产生，同时伴有少量的 Ti、Fe 之间电荷转移即 $Fe^{2+}+Ti^{4+} \rightarrow Fe^{3+}+Ti^{3+}$ 产生的蓝色调。Mong Hsu 红宝石的颜色由这三种形式的呈色机理共同作用而成，紫红色边部的 Cr^{3+} 产生的红色占绝对优势，而蓝紫色核心以 Ti^{3+} 产生的蓝紫色占绝对优势。从吸收光谱的角度看，红宝石对各波段的颜色都有不同程度的吸收，图谱曲线表现为有很多的吸收峰，形如锯齿状，强度最大的吸收峰都发生在 400—580 纳米之间。具体表现为：Mong Hsu 红宝石红色边部的吸收谱中，最大吸收峰出现在 420 纳米处，此处波长对应的颜色为紫色；另外强度较大的吸收峰出现在 550 纳米和 570 纳米处，对应的颜色分

18K 金红宝石吊坠

别为绿色和黄绿色；在 420—470 纳米范围内，吸收强度相对最大，此波段对应于蓝色和绿蓝色区域。综上所述，红宝石边部吸收强度最大，所对应的颜色为绿色、紫色和蓝色。虽然对其他波段颜色也有吸收，但强度都较小，因此红宝石呈现的颜色为蓝、紫、绿色的补色的混合色，主要为红色。Mong Hsu 红宝石紫黑色核心的可见光谱中，最强吸收峰出现在 430 纳米和 560 纳米处，对应的颜色分别为蓝色和绿色。在 400—420 纳米范围内几乎没有吸收，全部透过，对应颜色大部分为紫色。在 650 纳米处吸收强度为零，对应颜色为部分红色。因此，这部分吸收最多的为蓝色和绿色，大部分紫色和部分红色透过，所以实际颜色为略带红色的紫色。由于红宝石中色带发育情况不同，各处的吸收谱会有所差异，但核心部分几乎为紫色至蓝紫色，当宝石厚的时候，便显现出不透明的黑紫色。

钻石·宝石·水晶形成、开采加工与成品 ●

蓝宝石原石

蓝宝石钻石胸针

》蓝宝石的形成

蓝宝石的化学成分主要也是 Al_2O_3，因含有微量元素 Ti 或 Fe 而呈蓝色，属于三方晶系，晶体形状常呈短柱状、板状、筒状等。几何体呈多粒状或致密块状，透明至半透明，玻璃光泽。除现代的水莲红和粉红蓝宝石，蓝色蓝宝石在传统型的蓝宝石系列中最受欢迎。蓝宝石系列的色域很宽，其色彩涵盖彩绘蜡型蓝系列到夜色深蓝的多种蓝色。

蓝宝石的矿物名称也叫刚玉，折光率1.76—1.77，硬度9，比重3.97—4.08，透明、半透明或不透明。它是氧化铝钛的结晶体，按其颜色深浅浓艳的程度不同分为很多种，其中以洋蓝色为最好。有的蓝宝石也可以产生美丽的六射星光，这不仅取决于宝石内部按规律排列的反光物质，而且与产地有关，如斯里兰卡所产蓝宝石，其星光效果就特别好。有一种变色蓝宝石，在阳光下蓝色明显，在灯光下红色突出。

天然蓝宝石镶锆石吊坠

　　地质工作者研究认为原生蓝宝石产自高温和富铝缺硅并有铁、钛元素的地质化学条件下。蓝宝石是在地球深部高温条件下结晶初期从氧化铝过饱和的基性岩浆熔融体中形成。形成于碱性基性煌斑岩中的蓝宝石，呈斑晶均匀分布于岩石中，围岩为隐晶质方沸碱煌斑岩。与蓝宝石伴生的有透辉石、尖晶石、磷灰石、黑云母、锆石等。碱性玄武岩中的蓝宝石多呈强熔蚀状小晶体，含量低，分布很不均匀，但是它是形成大型蓝宝石冲积砂矿的最主要源岩，这类原生蓝宝石主要附存在新生代碱性玄武岩中，呈浑圆熔蚀状微斑晶或捕虏晶产出，与尖晶石、锆石、石榴石、磁铁矿等矿物伴生。含蓝宝石的碱性玄武岩高TiO_2，低SiO_2，多构成岩颈、火山口和小岩体。因此有的学者认为碱性玄武岩中的蓝宝石是上地幔中氧化铝过饱和且氧化硅不足的熔融体在岩浆通道中直接结晶的产物。蓝宝石还产在正长岩体与富镁碳酸盐岩内接融变质带中的硅酸盐矽卡岩中，主要是富铝的正长岩体上侵过

18K 金镶钻蓝宝石吊坠

18K 金天然蓝宝石吊坠

程中交代富镁碳酸岩时熔离出来的三氧化二铝，并从围岩中带入钛元素和微量铁，从而形成蓝宝石。伴生矿物有中长石、方柱石、尖晶石和金云母。有的蓝宝石还产在侵入到白云质大理岩或结晶灰岩中的伟晶岩中，人们发现蓝宝石晶体嵌在长石斑晶之中，这表明蓝宝石是伟晶岩阶段气成热液交代长石的产物。被发现有蓝宝石的地质结构还有超基性云母云英岩蓝宝石矿床，麻粒岩和角闪岩相的变质成因蓝宝石矿床等。由此可看出，原生蓝宝石的生成原因是多种的。砂矿中的蓝宝石均来自蓝宝石的生成岩或矿床。

世界上出产蓝宝石的地方很多，主要有泰国、柬埔寨、缅甸、印度、澳大利亚、美国、肯尼亚、斯里兰卡、坦桑尼亚和中国等地。缅甸蓝宝石主要产在莫谷地区，这是一个古老结晶岩的分布区，由各种类型的片岩和片麻岩组成，其中穿插了大型的伟晶岩脉。还有分布十分广泛的大理岩，深成岩体的侵入形成镁质矽卡岩带，蓝宝石等刚玉类宝石就产生在这个矽卡岩带中。伴生矿物有镁橄榄石、透辉石和尖晶石。

缅甸蓝宝石也称为东方蓝宝石，是极优质的浓蓝微紫的宝石。优质的蓝宝石价值也是很高的，世界上蓝宝石的产量极大，但是质地佳、颜色好、粒度大的蓝宝石不是很常见。

蓝宝石的传说

　　蓝宝石寓意情意深厚的恋人，与爱神维纳斯的神话有关。相传热恋中的男女如有一方变心，蓝宝石就会失去光泽，直到下一对真心相爱的恋人出现时，它的光泽才会浮现，所以蓝宝石也是浪漫爱情的象征。蓝宝石展现出一种体贴和沉稳之美，使人产生一种轻快的感觉。若是将它镶成戒指佩戴，则能够抑制并疗养心灵的创痛，平稳浮躁的心境。蓝宝石受到了中世纪教皇和圣职人员们的青睐，也受到王室与贵族的推崇。11世纪英国国王的戒指上就使用了一枚玫瑰色蓝宝石，这枚蓝宝石后来又被镶嵌到英国国王的王冠上。蓝宝石无穷的诱惑力使之成为人类最为喜爱的宝石之一。不管是在西方还是在东方，蓝宝石都受到了人类的喜爱。

》 祖母绿的形成

　　祖母绿往往带有一种传奇色彩，有关祖母绿的文化丰富多彩。自从发现祖母绿起，人类就将它视为有着特殊功能的宝石，认为它可以辟邪，还可以治疗很多疾病，如解毒退热、解除眼睛疲劳等。据说祖母绿宝石能够测试恋人之间的忠诚度，有些古籍如此记载："立下誓约的恋人是否保持真诚。恋人忠诚如昨，它就像春天的绿叶。要是情人变心，树叶也就枯萎凋零。"

祖母绿钻石耳钉

祖母绿的英文名称为 Emerald，起源于古波斯语 Zumurud，原意为绿色之石。祖母绿又叫"吕宋绿""绿宝石"。古希腊人称祖母绿是"发光的宝石"，将它当作无价之宝。古代欧洲人则认为祖母绿对任何疾病都有疗效，尤其对于眼疾和肌肉无力。印度人则认为祖母绿能为佩戴者带来好运，并且使佩戴者心情愉快。

祖母绿钻石 PT900 铂金吊坠项链

18K 白金镶钻祖母绿耳环

祖母绿原石

花开富贵吊坠

　　祖母绿是国际珠宝界公认的名贵宝石之一，因其特有的绿色和独特的魅力深受西方人的喜爱。祖母绿是宝石级的绿色绿柱石，其绿色要达到中等浓艳的绿色调，就是色的浓度要比较饱和，浅淡绿色的通常称之为绿色绿柱石。祖母绿是5月份的诞生石，是幸运与幸福的象征。

祖母绿钻石 18K 金戒指

此戒指总重 20.14 克，祖母绿重 7.42 克拉，钻石重 2.5 克拉。这是原属于日本一家株式会社社长夫人的藏品，购入原价超过了 500 万日元（今约合人民币 40 万）。此戒指主石硕大，透明度良好。经典而大方，华丽而庄重，保持着精细的手工镶嵌风格。配钻总计约 200 粒，无疑是在小小一枚戒指上难以实现的缜密工艺。

祖母绿是一种含铍铝的硅酸盐，其分子式为 $Be_3Al_2Si_6O_{18}$，是绿柱石家族中最"高贵"的一员。属六方晶系，晶体单形为六方柱、六方双锥，多呈长方柱状。集合体呈粒状、块状等。翠绿色，玻璃光泽，透明至半透明。折光率1.564—1.602，双折射率0.005—0.009，多色性不明显，非均质体。硬度7.5，密度2.63—2.90克/立方厘米。解理不完全，贝壳状断口，具脆性。X 射线照射下，祖母绿发很弱的纯红色荧光。

祖母绿形成的条件非常严格，首先要有含铍挥发组分的酸性融熔体，还要有富含铬的超基性岩体为围岩，相互作用才有可能形成祖母绿。迄今为止，世界上最为常见的祖母绿矿床为产于超基性岩中的气成热液型矿床，而优质的祖母绿多产在沉积岩中的远成热液型矿床之中，伟晶岩中也产出祖母绿，但质量不好，颜色欠佳。气成热液型祖

祖母绿宝石项链

母绿矿体附存在超基性岩的似脉状云母岩之中，祖母绿局部富集并以斑
晶状产出，柱状晶体平均3—5厘米，伴生矿物有磷灰石、电气石、萤石、
云母、金绿宝石等。远成热液型祖母绿矿床产在石灰岩、碳质页岩中的
方解石脉和黄铁矿钠长石脉中，这是优质祖母绿矿床的最重要类型。祖
母绿多呈鲜艳深绿色，呈不均匀斑状晶体产出。有的孔洞中还有祖母绿
晶体堆积体，伴生矿物有方解石、云母、黄铁矿、钠长石、重晶石等。
晶体中常有炭质黑色包体，世界多数优质祖母绿均产自这类矿床中，以
哥伦比亚的木佐矿床为代表。

180克拉特大祖母绿镶钻石红蓝
宝石吊坠兼胸花——"绿波荡漾"

祖母绿是国际公认的绿色系宝石中最珍贵的品种，以哥伦比亚出产的为最佳。其浓艳欲滴、充满活力的绿色被视为生命的象征，深受欧美人的推崇，也越来越被国人所喜爱。在珠宝文化史上，祖母绿代表生机盎然的春天，流传着各种美丽的故事。祖母绿属于绿柱石矿物，因其独特的矿石结构，经常会含有杂质或裂痕，很难形成大颗粒宝石，超过几十克拉的祖母绿已经非常稀少。近年来，由于矿石资源的枯竭，大颗粒的祖母绿更成为凤毛麟角，极为稀缺。

天然祖母绿吊坠

　　祖母绿，与蓝宝石和红宝石并列"三大有色宝石"，说它是天下绿色宝石之王也是当之无愧的。晶莹的纯翠色，与五月阳春万物复苏无比和谐，因此祖母绿被世界众多的国家视为五月佩戴的宝石。世人因它造就出了"Emerald之绿"的色彩名称，古罗马和古埃及时代，便被誉为"献给维纳斯的宝石"。相传埃及艳后古雷奥巴托拉以酷爱祖母绿宝石而闻名于世，她曾经拥有着一座属于个人的祖母绿宝石矿山，驱使众多的劳工不遗余力地进行采掘，这就是后世传说中的"古雷奥巴托拉的矿山""梦幻的祖母绿矿"。

　　欧洲有这样一句话："世上从不存在没有瑕疵的祖母绿和没有缺点的人。"祖母绿宝石含肉眼易见的杂质较多，但它有史以来便是与红、蓝宝石并列的三大有色宝石，拥有着当之无愧的昂贵身价。上世纪60年代，中国故宫博物院曾经为展出的一串天然祖母绿项链投保人民币两亿元。上世纪80年代，在日内瓦拍卖了一块重量为19.77克拉的极品祖母绿，落锤价格2166万美元。

Gem

钻石　宝石　水晶

祖母绿钻石项链

此项链总重量 76.49 克，祖母绿主石 9.16 克拉，配
石 3 克拉，钻石 16 克拉，铂金项链长度约 68 厘米。

八角方形天然哥伦比亚祖母绿铂金镶钻吊坠项链

该物件总重量为 81.51 克，哥伦比亚祖母绿主石 180.74 克拉，钻石 2.55 克拉，蓝宝石 2.38 克拉，18K
白金。意大利项链，长度约 45 厘米。主石超过 180 克拉，极为罕见。如此巨大的宝石，颜色纯正，
晶莹剔透，更为难遇。设计者有意让珠宝世界的宠儿祖母绿、钻石、红宝石、蓝宝石、珍珠在此汇聚
一堂，创造出绿波荡漾、鸟语花香的意象，使作品充满春天的活力。祖母绿主石色泽悦目脱俗，十分
迷人；作为陪衬的红蓝宝石质地优美，而钻石镶嵌的花瓣、叶片，工艺精湛，用金量十分厚重，仅意
大利产的 18K 金项链重量就约为 15 克。这款宝石材质罕有、制作精美，是具备实用与收藏双重价值的
超高档珠宝艺术品，堪称美轮美奂，极其难得。

祖母绿的功效

祖母绿是一种治疗力量很强的宝石，具有解毒退热的功效，无论
是欧洲人还是亚洲人，都认为它对肝脏有良好的保护作用。它可以解除
眼睛的疲劳，中国传统医学认为肝主木（目），肝疾会通过眼睛表现出
来。更神奇的是，祖母绿还有平抚心情的功效，因此它又可以缓解忧郁
和暴躁。

祖母绿对心脏也有诸多益处，特别是在后心区疼痛时，有一个颇
为有效的治疗方法：将镶嵌祖母绿的戒指佩戴在左手食指上，然后在右
手上摩擦，再将右手贴在疼痛的部位，宝石的力量就会透过右手转移到
背部使疼痛得以缓解。

》碧玺的形成

　　至今为止，科学家已发现的矿物有 3000 多种，然而在这 3000 多种矿物中能称作宝石的仅有几百种，且其产量和蕴藏量都相当稀少。地球由 3 部分构成，最外层是地壳，中间层是地幔，最里层就是地核。地壳是地球表层极薄的固体外壳，目前为止，差不多所有的天然宝石都产在地壳之中，而地壳的年龄最少的也有 2 亿年，最古老的部分甚至达到 40 亿年。

碧玺素面圆珠手链

清代碧玺凤凰摆件

Gem

清代碧玺鼻烟壶

地幔又称中间层，其上界为莫霍不连续面，下界为深度 2900 千米的古登堡不连续面，在这两个不连续面中间的是一种近液态的物质，地质上称之为软流层。在软流层里温度已高到该区物质熔点以上而形成液态状态，这些液态区就成为岩浆作用的高发区，也是各种岩浆型宝石矿床的发源地之一。这也就是说我们手中璀璨的碧玺曾经在地下几百千米的黑暗中、在数千度的高温中炙烤历练。

碧玺手镯

碧玺手串

或许是由于高压的挤压，让地幔中的液态物质侵入地表并慢慢冷却结晶形成坚硬的岩石，而这种岩石并非都是碧玺，在这种岩石的深核中才有可能形成珍贵的碧玺。可见碧玺在形成过程中还要经受巨大的外界压力和长期的结晶过程。

水滴形碧玺吊坠

碧玺耳饰

但是经过了这么多的磨难，碧玺的光辉仍离我们很远。在地壳内力作用和外力作用下，含有碧玺的岩层还要经过自然的筛选、搬运或其他形式的富积而形成矿床，只有这样它才有可能被人从深裹的黑暗中解放出来，沐浴阳光。

18K 白金碧玺镶钻戒指

碧玺吊坠

当然这时的碧玺还只是原矿，还要经过切割磨制才能成为宝石，一般情况下原矿的 2/3 都会在切割和打磨中损弃。打磨抛光后的碧玺会随着光线从不同角度的射入而散发出绚丽耀眼的光彩，从而身价倍增。

绿碧玺龙凤方牌

碧玺的功效

　　碧玺具有多色水晶的灵性作用，具有调和五行的特性。碧玺在调和五行晶石中能量最强，是水晶家族中最聚财、聚福、辟邪的宝石，女性佩戴更有旺夫旺财的功效，所以也有人称碧玺为"福晶"。据说它的能量可以随温度而转化，能畅通血气，对气血虚、身体弱、手脚冰凉者非常适用。黑色和茶色碧玺对下肢疾病的疗效最佳，可缓解风湿，关节炎；绿色碧玺可帮助改善心肺功能，有助事业财富；红色碧玺可帮助腹部健康，对血液循环很有好处，还有助于提升女性魅力和爱情运。

》人工宝石的形成

　　人工宝石是指完全或部分由人工生产或制造，用作首饰及装饰品的材料。主要包括人造宝石、合成宝石、拼合宝石和再造宝石 4 类。

人工宝石手链

人工宝石耳坠

人造宝石是指由人工制造且自然界无已知对应物的晶质或非晶质体，如常用作钻石替代品的3种人造宝石，即人造钛酸锶、人造钇铝榴石、人造钆镓榴石，但玻璃和塑料除外。人造宝石具有宝石的属性，可以作为宝石饰物，主要用于代替或仿造某种类型的天然宝石。

合成宝石是指按照某些天然宝石的化学组成，模拟在自然界中形成时的物理化学条件，用人工结晶或重结晶方法生成的人造宝石。其化学成分、物理性质和晶体结构与所对应的天然宝石基本相同，如合成红宝石与天然红宝石化学成分均为$A1_2O_3$，折射率和硬度等物理性质相同。

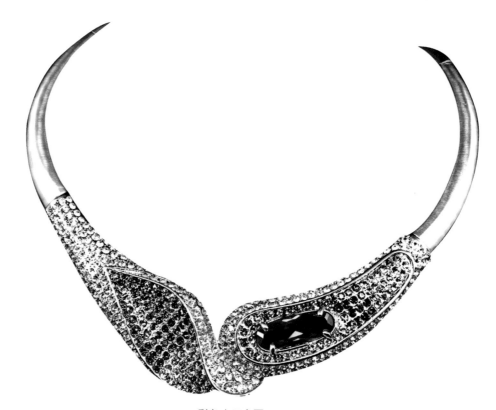

彩色人工宝石

人工宝石吊坠

拼合宝石又称组合宝石，是以相同种或不同种原石分别切成顶和底再粘接成型或加底垫组合成一体，且给人以整体印象的宝石，简称拼合石。珠宝玉石国家标准将它纳入"人工宝石"，分为双层型、三层型、底托（垫）型三类。拼合目的不外乎是以小料代大料（如双合钻石），以低档品代中高档品（如优质蓝宝石顶、劣质蓝宝石底的二层石）或以假代真（如用绿色胶将一片铅玻璃与水晶顶粘接起来的仿祖母绿拼合石）。黏合剂为有色的或无色的，夹层有石质的（如三层欧泊）、有树胶的（如夹层为变彩塑料的仿欧泊）或加底垫（背箔）来衬色、加强反射或火彩，以及使之呈现猫眼效应、星光效应等。如拼合蓝宝石，上部为合成蓝宝石，下部为天然蓝宝石，两者之间用树脂黏合。鉴定特征即上下两部分结合处的缝合线明显且环一周。

人工宝石吊坠

　　再造宝石是指通过人工手段将天然宝石的碎块或碎屑熔接或压结成具整体外观的宝石，目前较新的产品有再造翡翠等。合成翡翠的技术目前尚不成熟，合成翡翠的透明度差，发干，颜色不正，比较呆板，不具有细腻的结构，即无"翠性"。由于人工宝石属于非天然品，因此容易被普通消费者统一定义为假宝石，其实人工宝石在国防、民用饰品等方面都发挥着重要作用，因此不能把人工宝石跟假宝石等一并论处。

宝石的开采

　　至今为止，宝石原料开采的方法非常多，既有沿用了数千年的在河底砂石中淘宝的原始方法，也出现了像钻石工业化开采的高精尖科技手段、设备完善的现代化开采方式。宝石是一种贵重商品，如今在全世界范围内都有开采，给不少地方带来了可观的经济收入。

天然绿宝石配钻石胸针

清代碧玺和尚摆件

》露天开采

　　宝石原料开采通常从地面的露天矿坑开始进行，首先去除地表土层露出岩石，将岩石爆破后装车运送到专门进行碎石的地方，然后送往主要的加工厂作进一步处理，地面的露天开采一般能持续较长时间。

18K 红蓝宝石金戒

33.56 克拉碧玺镶钻石红宝石 18K 白金吊坠项链

总重量 30.31 克。钻石 1.46 克拉，红宝石 0.58 克拉，碧玺配石。项链长度约 45 厘米。

主石颜色极佳，呈浓郁的玫瑰红色，纯净透明，切工完美。由于碧玺矿石通常有杂质，如此硕大的颗粒，却晶莹剔透，肉眼见不到瑕疵，十分难得。设计师精心地采用了鲜花和枝叶陪衬的图案，突出了主石的魅力，而精湛的制作工艺使这件作品分外亮丽。

》地下开采

随着开采持续进行，矿井越挖越深，直至变成地下开采，矿工和开采设备沿着宝石岩矿的走向开凿竖井和隧道深入地下。

44.08 克拉枕形天然蓝宝石配钻石两用式项链

此宝石硕大惊艳浑然天成，幽幽蓝色摄人心魄，两用设计，链坠可拆卸为胸针，配以 18K 白金镶嵌高质量钻石，皇室首饰造型，雍容华贵，可谓至美臻品。

》传统方法

埋藏于河床、沙滩中的宝石一般比普通的砂石分量更重、更经久耐磨，因此简单的筛淘就能分离出宝石原料，然后可以手工将它们冲洗干净并进行分类。

红宝石橄榄石 18K 金戒指

宝石加工的原理和基本方法

宝石加工就是实现宝石设计意图的实际操作过程，具体地说，就是指借助某种手段和设备，将宝石原石琢磨成精美的、具有美学价值和经济价值的工艺品。

刻面宝石的各个部位

圆形明亮式琢型（Round Brilliant-cut，标准圆钻式琢型）宝石的各个部位都有专门的名称，它们之间比例的变化会直接影响宝石的亮度、颜色和美感。

腰部（Girdle）：宝石冠部与亭部结合处的外部边缘部分。

冠部（Grown）：宝石腰部以上的顶端部分。

亭部（Pavilion）：宝石腰部至底尖的下端部分。

台面（Table）：宝石顶部最大的平面或刻面。

底尖（Culet）：宝石最下端的尖形部位。

宝石加工工艺的产生和形成经历了数千年的变革，它是随着人们对宝石性质和价值认识的加深，以及社会生产力水平和科学技术水平的提高，而逐步发展起来并完善的。人们刚开始可能只是直接利用宝石的天然之美来将宝石作为装饰品，并没有用任何的工艺来进行加工，后来慢慢地发现天然宝石存在很大的缺陷，稍加打磨以后，它会面目一新，于是初期的工艺就产生了。随着生产力的提高，宝石的加工工艺日益走向完善。

31.98 克拉梨形天然绿宝石配钻石项链

红宝石钻石项链

263.65 克拉随形天然红宝
石配钻石项链、耳环套装

刻面宝石起源于欧洲，它一直
是欧洲首饰石中最重要的类型。在
现代宝石加工业中，刻面宝石也占
有很重要的地位，这主要是因为刻
面宝石的原材料大多数（特别是贵
重宝石）具有透明、颜色鲜艳、光
泽度高等特性，极适合于琢磨成刻
面宝石，以体现宝石美的品质。另
外，首饰市场（主要是欧美），每
年刻面宝石需求量之大是其他琢型
宝石所无法比拟的。

红宝石吊坠

》刻面宝石的原材料

刻面宝石对原材料的要求不是绝对的，可以说所有的宝石材料都可以加工成刻面宝石，但从美学和人们欣赏心理的角度来看，习惯上把透明度作为是否采用刻面琢型的重要指标。当然，例外的情况也存在，如欧泊不透明，但也常被琢磨成刻面型。实际上，是否琢磨成刻面型，主要应看刻面型是否能最好地表现出宝石的品质美，这与宝石设计的原则是一样的。

适用于刻面型的宝石材料种类繁多，常见的有：红宝石、蓝宝石、石榴石类宝石、绿柱石类宝石、黄玉、碧玺、长石类宝石、橄榄石、变石、锆石、尖晶石以及人工宝石等。

3.7 克拉天然红宝石
配钻石花朵戒指

》 刻面宝石的工艺要求和设计琢磨

刻面宝石琢磨的原则与设计原则是相同的，宝石琢磨必须准确、完整地反映设计思想和设计要求。

颜色

对于无色宝石来说，颜色是没有任何意义的，其重点是突出它"闪耀"的性质（火彩与亮度）和重量。对于有色宝石来说，颜色就变得非常重要了，通过对宝石的面角比例的设计和琢磨，应做到使宝石的色度变得更浓，色调更加艳丽，若达不到这一点，设计和琢磨就失败了，所出的产品价值将大打折扣。若颜色的各种指数均达到理想的程度，则宝石的价格就会非常昂贵。

彩色宝石手链

透明度

透明度是刻面宝石设计的前提，不管是有色还是无色的宝石，透明度都是非常重要的因素。对于无色宝石来说，透明度是其能产生火彩和亮度的基本条件。对于有色宝石来说，透明度和颜色之间往往会出现矛盾，有色宝石之所以有色，是宝石对七色光的选择性吸收和透射造成的，透射光的颜色即是宝石的颜色。因此，七色光在透过有色宝石时，一部分光被吸收，所透过光的总量小于入射光的总量，因而透明度也自然要降低，同时也会引起色耀度的降低，相应的会使宝石的亮度降低，这并不是加工者所希望的。为此，在保证颜色浓艳度的同时，也要达到一定的透明度，这就成了刻面宝石面角比例设计和加工的一个重要问题，需要通过一定的计算和加工试验来解决。

石榴石手链

彩色宝石手链

5.31 克拉天然红宝石配钻石项链

Gem

重量

为了后续的加工镶嵌工作，刻面宝石的粒度（或重量）应有一个下限，不同的宝石其下限也不同。那么刻面宝石的重量是不是也有上限呢？从宝石自身价值上来说，不应该有。因为宝石的重量是人们追求的目标之一，特别是高档的或稀有的宝石品种，重量非常重要，但是宝石重量大，颗粒就大，一则不易琢磨，二则不便镶嵌，即使能镶嵌也无法佩戴，这些因素表明也要为宝石确定一个重量的上限，与下限一样，上限也要"因石而异"。对于高档的珍贵天然宝石（如红宝石、蓝宝石、祖母绿等），它们的原石本来就小，大于 2 克拉的就是难得一见的珍品了，所以给这样的宝石确定上限是无意义的，因此宝石原石经加工后的成品重量应尽可能大。对于人造宝石，一般在生产中都有一定的重量上限（或尺码上限），至于这个上限如何确定，主要是根据市场和镶嵌要求而定，同时还不能影响宝石的价值。

瑕疵

　　刻面宝石对瑕疵的出现十分敏感，一个小小的瑕疵，在凸面型宝石上可能不会造成太大影响，但往往会成为刻面宝石致命的缺陷。因此，刻面宝石对净度的要求更加严格，一般情况下，应尽量剔除瑕疵。少量高档的珍贵宝石对瑕疵的要求可以降低一点，但也应将其置于宝石不重要的部位。

面角比例

　　刻面宝石的面角比例是充分体现宝石价值的重要参数。钻石的面角比例经过多年加工实践和理论计算，已经形成了较为完善的一套标准。而其他透明宝石的面角比例问题就有点复杂，由于它们在色度、色彩、色调、重量、色耀度、透明度、琢型、瑕疵等众多因素的共同

红宝石钻石铂金戒指

红宝石耳环

红宝石钻石金项链

影响下，其变化范围也广。因此，到目前为止，还未能完全制定出比较标准的面角比例，只是根据折光率大致确定了各种刻面宝石的冠角和亭角的范围。

1.无色或浅色的透明度高的宝石，若琢磨成仿钻式，其台面直径一般取腰部直径的 50％，对马眼形或椭圆形等有长短轴的琢型，台面的大小一般取短轴的 50％—55％。若琢型为阶梯式，台面大小一般比其他琢型稍微大一点，可以取到台面大小要求标准的上限（55％）左右。

2.对于颜色较深，透明度相对较低的宝石，台面的大小可适当放大，同时宝石成品的厚度要相对较薄一点，这样可以使宝石色耀和透明度增强。

在具体的宝石加工中，不同种类的宝石，有不同的面角比例，即使同一种宝石的不同品种，其面角比例也不会相同。总之，无论哪一种宝石，它的面角比例都应通过琢磨试验和计算来获取，切忌生搬硬套。

18K 白金红宝石吊坠

宝石加工的工艺特点

》工艺技术的本质

宝石加工都是通过"琢"与"磨"两道基本工序完成的，所谓"琢"即切开，也就是将宝石原石中不需要的部分切去或将大块原石分割成小块，同时又要为后面"磨"的工序留下一定的加工余量。"磨"包括倒棱、围形、细磨和抛光等主要工序。

银嵌宝石坛城

华丽蜕变

宝石

钻石·宝石·水晶形成、开采加工与成品 ●

宝石项链

随着科学技术的飞速发展和加工技术的逐步完善，到如今已形成了"一技多用"和"一机多用"技术，把以上所讲各项技术内容融汇就出现了"切磨""切割"和"打磨"等工序，其理论和实践内容是相同的。

镶嵌宝石佛像

》宝石加工的手工艺

由于宝石原石的特性限制，宝石加工很难大批量生产，特别是中、高档宝石，成品的重量和造型很大程度上由宝石原石的形态、大小和其他性质所决定。例如：一块原石往往只能加工一粒或几粒不同的成品，而另一块原石所加工的成品则完全不同（无论在重量、大小和形状比例上）。因此，在宝石加工中人的手工操作十分重要，在切磨的各项工序中都缺少不了手工的控制和调节。

宝石原石的种类不同，因而有质量、性质的差异，价值的高低之分，加工方法也有所不同，这样就形成了专门的工艺技术门类，如刻面型宝石加工工艺、钻石加工工艺、凸面型宝石加工工艺、珍珠加工工艺、珠型宝石加工工艺等。当然，这些不同的工艺，都有一个共同点，就是都离不开"琢"和"磨"。由于具体的工艺技术方法和精度要求不同，从而所使用的设备、切磨的工具、磨料等也有所不同。宝石加工必须使工艺技术完整、准确地反映出设计方案，也就是说不同造型的宝石给工艺技术限定了一个范围，如加工刻面型宝石就必须使用刻面型宝石加工工艺，加工凸面型宝石就必须使用凸面型宝石加工工艺。

清代银嵌宝石瑞兽一对

18K 白金镶钻祖母绿吊坠

》宝石加工常见的问题

明亮式琢型最初用于钻石的加工，后来也常用于那些具有高度色散、颜色较淡的透明宝石。玫瑰琢型原本也专门用于钻石加工，但现在却更多地使用于硫化铁矿类和石榴石类宝石。大多数的宝石原料无论透明与否都可以切割成梨形和水滴形，并能横向或竖向钻孔。而刚玉类宝石（红宝石和蓝宝石）通常采用混合琢型，这样能强化宝石原本较淡的色彩。圆形明亮式琢型最常见的问题就是切割比例不当，有时候宝石原石的形状或瑕疵、包裹体的位置也会直接影响对切割比例的把握。而切割比例对于宝石的色彩饱和度具有重大影响，颜色较深的宝石通常会被切割得比较浅，使之看上去更显光亮，而颜色较淡的宝石则需要深度切割才能获得最佳色彩效果。

　　明亮式琢型和混合琢型都比单一的阶梯式琢型能更好地掩饰宝石色彩的不规则分布，如果颜色主要集中在宝石亭部的底尖区域，或者某种单色光正好穿越宝石的中心部分，通过合理的切割能够让原本着色不均的宝石看上去完美无瑕。此外，加工时将宝石内部的瑕疵和包裹体有意识地藏于上腰面下方或亭部主刻面外缘，宝石的中心区域会显得很洁净。

黄宝石耳饰

黑宝石耳坠

粗糙的切工和不当的比例会令宝石难看易碎，例如明亮式琢型宝石的腰部如果太厚，看上去会很不美观，而腰部切割得太薄又会使宝石脆弱易碎。又比如，宝石的底尖如果过于尖细会很容易受损，而若底尖太宽则通过台面就能被清楚地看见且会反射到其他刻面上。在浅色宝石中，底尖如果偏离中心，透过台面会看得一清二楚，而深色宝石则能在一定程度上掩饰这种缺陷。

红宝石耳钉

宝石交易的常用语

在宝石交易中，通常使用一些专业术语来描述和评价一颗宝石的品质，使人们不必亲眼看见宝石本身就能比较准确地了解它的情况。

形状（Shape）：即宝石的外形轮廓，如椭圆形、圆形、梨形等。

加工（Cut）：即宝石呈现出的对称性、比例、修饰效果和光亮度，换言之就是它的整体外观而非外形，有时也被称为制作，用于描述由原石变成成品过程中所涉及的各种相关因素。

研磨（Faceting）：即将宝石表面打磨成许多不同角度的小平面（刻面），令光线穿透宝石而使宝石变得光彩明亮。

宝石加工常用的设备

宝石琢磨必须借助于一定的机器设备和专用工具，早期的琢磨设备比较简陋，主要是以人力作为动力，工效非常低，而现代琢磨设备都以电动机为动力源，不仅工效大大提高，而且劳动强度也大幅度下降。同时，由于机械化程度高，现代琢磨设备的精度和效率都是旧设备无法比拟的。

猫眼石手串

天然碧玺吊坠

为了适应宝石加工社会化生产的需要，宝石琢磨中的工序划分越来越精细，各种工序的专业化程度越来越高，与之相适应的设备种类也越来越多，各工序所用的设备已成功配套，构成了能进行大批量生产的流水作业线。然而，许多中、高档宝石本身比较罕见，因此难以进行大批量生产，这就为个体加工者和中小型加工企业提供了机会，为了适应这些宝石加工者的需要，一机多用的生产方式应运而生。

宝石加工设备种类繁多，但根据它们在加工过程中的作用，可分为切割设备、磨削设备、抛光设备和钻孔设备4大类。

祖母绿吊坠

》切割设备

切割设备主要用于宝石原石的分割，称为切料机。

》磨削设备

磨削设备主要作用是磨削宝石，使之形成自己的造型，它是宝石加工中必不可少的设备。其种类较多，根据磨削方式和磨具的不同，可分为盘磨机、轮磨机、带磨机和滚磨机4种。

祖母绿钻石项链

盘磨机

盘磨机所使用的磨具是磨盘，主要用于磨削宝石平面，如刻面型宝石，也可用于弧面型宝石的造型。

盘磨机可分为两大类：刻磨机和万能定型机。

刻磨机

刻磨机主要用于刻面型宝石的加工，刻面型宝石的加工历史久远，早期的宝石加工者是采用叫作"壁桩法"的加工方法来完成的。在一根直立木桩的不同高度上钻有一系列小孔，将宝石粘在一根具有一定长度的木质粘杆上，粘杆的锥形尖端插入木桩的孔洞内，在一块圆形的木质磨盘上加松散的沙粒切磨宝石，将宝石的粘杆插入不同高度的孔洞中，就可以切磨出若干组角度不同的小面。用这种非常简陋的设备，没有丰富的经验是不可能切磨出高质量宝石的。正是在这些基础之上，人们利用这一原理，研制出多种宝石加工设备，尤其是刻面型宝石加工设备,使当今刻面型宝石的加工工艺达到了尽善尽美的程度。常见的用于刻面型宝石加工的刻磨机主要分为八角手刻磨机和机械手刻磨机两大类。

祖母绿宝石蝇边圆形耳夹

红宝石钻戒

万能定型机

　　万能定型机的结构很简单，它与轮磨机的部件相似，所不同的是轮磨机使用砂轮，而万能定型机使用的是砂盘。

　　万能定型机的机理是利用人工操作给宝石定型。适合中、高档宝石的围形工作，因为大多数的中、高档（特别是高档珍贵的宝石）宝石的原石大小、形状各异，利用万能定型机可根据其毛坯的形状、大小灵活控制。具体方法是先把宝石毛坯粘胶上杆，再用手捏住粘杆对宝石毛坯进行圈形，并要求粘杆必须与磨盘平行。

祖母绿钻石耳饰

碧玺宝石戒指

轮磨机

轮磨机所使用的磨具是砂轮，主要用于磨削宝石毛坯，冲磨成所设计款式的雏形或一次性磨削成宝石。

轮磨机的主动轴和轴承要求有较高的抗形变强度，稳定性好，这是为了确保砂轮转动时能够平稳、减少振动和摆动。因此砂轮的轴与砂轮也应配套，通常直径小于300毫米的砂轮，其配套使用的主轴不应小于30毫米，如果主轴过小，不仅使砂轮振动增大，而且磨削效果不佳，安全系数减小。轮磨机的冷却给水装置多安装在防溅罩顶部，直接穿过防溅罩向砂轮喷淋冷却液，冷却液的用量可用输液器开关控制。

带磨机

带磨机的磨具是砂带，主要用于磨削宝石的各种弧面，如凸面型宝石。其磨削时，磨削面大，因此磨削效率较高。

带磨机主要部件有两个轴筒（多用橡皮制成），其中一个是主动轴筒，与电动机连接；另一个是被动轴筒。环状砂带套在两个轴筒上，当主动轴筒转动时，靠砂带带动被动轴筒一齐转动。为了更换砂带方便，被动轴筒支架上配有可上下移动装置，这样既可以松动砂带，也可以张紧砂带（发现砂带因松动而丢转时采用此办法）。

带磨机其他部件还有防溅罩、水槽、轴承等。

滚磨机

　　滚磨机的磨具是滚筒，主要用于滚动磨削除去宝石毛坯和不规则小料的棱角，使之变圆滑。其主要部件有主动轴、轴承、滚筒和被动轴等。

　　滚筒放在主动轴和被动轴上，它靠主动轴的驱动来滚动，而主动轴一端用直径较大的皮带轮1与电动机连接，另一端的皮带轮2与被动轴一端的皮带轮3通过皮带相连。被动轴直径与主动轴直径相同，其转速和线速度也与主动轴的相同，它和主动轴一起驱动滚筒转动。滚筒两端中央有两个支撑轴支撑，以便使其转动平衡。筒内空间为正八面体，内衬有橡胶板，通常厚约5—6毫米，其作用是减少筒壁磨损和噪音。

宝石戒指

18K 金祖母绿钻石项链

》抛光设备

　　大多数厂家不设置专门的带磨机和滚磨机，而是以抛光设备更换磨料的方式来替代。因为抛光工序和细磨工序的操作规程及方法基本相同，常用的抛光设备有振动抛光机和滚筒抛光机两种。滚筒抛光机的工作原理和滚磨机的工作原理相同。

　　振动抛光机的工作原理是通过振动容器的振动，使容器内的坯料与磨料（或抛光剂）相互作用，以达到研磨抛光的目的。电动机通过皮带传动装置驱动偏心轮，偏心轮使架在支座弹簧上的抛光桶做强迫振动，最终使抛光桶产生水平方向 A 和竖直方向 B 的往复运动（其结构以实物为准）。抛光桶内壁附有橡胶板，目的是减少内壁磨损和噪音。

》钻孔设备

　　钻孔设备主要用于珠型和异型宝石以及珍珠的打孔。常用的钻孔设备有两种，机械钻孔机和超声波钻孔机。

　　机械钻孔机的电动机通过皮带驱动转动轴转动，从而带动钻针转动，当磨料随钻针转动时就可以磨削宝石，形成孔眼。钻针的钻进可用钻头升降操作杆控制，打穿孔后可以退出。

　　超声波钻孔机是近些年才发展起来的新型钻孔设备（包括单头和多头），它通过将超声波的电振荡放大和转换为同一频率的机械振动来实施钻孔，多头超声波钻孔机除用来打孔外，还可以用来雕刻。

祖母绿蝴蝶钻石耳饰

红宝石手镯

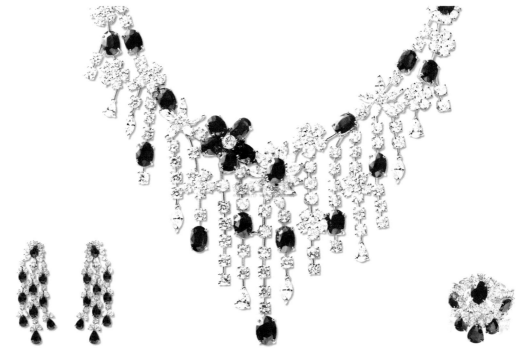

红宝石套装

超声波钻孔机主要由振动系统、超声波发生器和其他辅助系统构成。其中振动系统由磁致伸缩换能器、电致伸缩换能器、耦合放大杆、工具头和变幅杆几部分组成。换能器的主要作用是把超声波的声振荡能转换成轴向的机械振动。耦合放大杆则是将换能器产生的机械振动传递给变幅杆和工具头，并放大这种振动。变幅杆的作用是扩大振幅。辅助系统包括机身、磨料及冷却液供给系统。

18K金祖母绿镶钻花型戒指

宝石饰品选购

紫色宝石戒指

》宝石戒指

　　根据史料记载，我国在距今大约 4000 年前就已有人佩戴戒指。至秦汉时期，妇女佩戴戒指已经很常见。到了东汉时期，民间已将戒指作为定情之物，青年男女之间常以赠送指环表达爱慕之情。到了唐朝时期,戒指作为男女之间定情信物的风气更加盛行，并一直延续至今。

　　据考证，戒指起源于古代封建社会的中国宫廷。女性戴戒指是用以记事。戒指是一种"禁戒""戒止"的标志。当时皇帝三宫六院、七十二嫔妃，皇上所钟意的妃子，由宦官记下她陪伴君王的日期，并在她右手上戴一枚银戒指作为记号。当后妃妊娠，告知宦官，再给该后妃戴一枚金戒指在左手上，以示该后妃需暂停为君王侍寝。

白金镶嵌蓝绿色宝石戒指

宝石戒指——百花争艳

18K 玫瑰金顶级红碧玺女戒

总重：2.4 克左右

宝石规格：约 0.7 克拉

颜色：红

钻石重量：0.13 克拉

切工：优

镶嵌材料：18K 玫瑰金

证书：CMA 国家级权威珠宝鉴定证书

防止戒指宝石脱落的方法

首先，在挑选彩色宝石戒指的时候，尽量选择传统经典的款式，或者镶嵌牢固的款式。很多传统的镶嵌方式沿用至今，镶嵌技术也十分成熟，而且款式时尚不会过时。

其次，平时佩戴彩色宝石戒指的时候，尽量避免剧烈运动或者干重活，避免戒指受到强烈的撞击，以致彩色宝石脱落。

再次，在定期清理彩色宝石戒指时，要在封闭的容器，例如在堵好下水口的水池中进行，如果彩色宝石脱落，比较容易找到。

最后，洗澡、游泳的时候不要佩戴戒指，否则戒指容易滑落。

巴西天然红碧玺镶钻石彩色宝石女戒

材质：18K 玫瑰金

主石：宝石 1 颗，约 0.55 克拉

配石：钻石 12 颗，共约 0.03 克拉

净度：根据国家规定 20 分以下钻石不分级

切工：优

证书：CMA 国家级权威珠宝鉴定证书

18K 玫瑰金天然红宝石戒指

材质：18K 玫瑰金

金重：约 1.22 克

主石：宝石 2 颗，共约 0.6 克拉

配石：无

净度：根据国家规定 20 分以下钻石不分级

切工：优

证书：CMA 国家级权威珠宝鉴定证书

18K 白金蓝宝石女戒

材质：18K 玫瑰金

主石：宝石 1 颗，约 0.6 克拉

配石：钻石 16 颗，共约 0.13 克拉

净度：根据国家规定 20 分以下钻石不分级

切工：优

证书：CMA 国家级权威珠宝鉴定证书

18K 白金豪华群镶款红宝石女戒

红宝石：16 颗，共 1.05 克拉

钻石重量：0.53 克拉

钻石数量（约）：84 颗

钻石净度：20 分以下不具体分级

钻石颜色：白

钻石切工：很好 / VG

商品材质：18K 金

证书：CMA 国家级权威珠宝鉴定证书

18K 金花型钻石戒指

18K 白金镶钻石红宝石耳环

》宝石耳饰

古代的耳饰有圆形环状缺口的，直接夹入耳垂，一般以玉质常见，称为玦。有圆柱形喇叭口的，撑大耳孔后将其贯入耳孔，称为耳珰，尤其以琉璃耳珰为绝妙。

古代的耳饰还有由耳环演变而来的耳坠，在耳环下悬坠一枚或一组装饰，材质丰富多变。耳坠的发展，也包含了当时封建礼教对女性的约束，在佩戴了耳坠之后，要求女性仪容端正，要保证耳坠不能移步亦摇，时刻提醒女性自我约束，自我检点。这种严苛的礼教直到唐朝才有所缓解，为了争取平等自由，许多妇女都拒绝穿耳。不过，自由之风没有坚持多久。到了宋朝，妇女的地位又恢复如昔了。

耳珰是汉代妇女常用的一种耳饰。通常以玻璃、琉璃等晶莹剔透的材料为主，作圆柱体，中心穿孔，两端或一端较为宽大，呈喇叭口，中部有明显的收腰。整件器物重量较轻，体积也较小，一般长度在 2—3 厘米左右，直径约 1 厘米。佩戴者必须先在耳垂上穿孔，并且将耳孔撑大，戴时将其贯入孔中，因两端粗于中央，戴上以后不易滑脱。《孔雀东南飞》中写的"耳著明月珰"，说的就是耳珰。

天然碧玺碎石耳环

耳饰的传说

　　相传古代有一位害眼病的姑娘，不久双目失明了。后来，她幸遇一位名医，名医认为她可以复明。在征得姑娘的同意后，名医拿起闪闪发光的银针在她两侧耳垂中各刺一针，奇迹出现了，姑娘重见光明。姑娘非常感激，于是请银匠精制一对耳环戴在耳上，以示永不忘记名医之恩。当姑娘戴上银耳环后，日益眉清目秀，并逢人传诵名医的声名。穿耳戴环能明目的奇迹被人们广为传说以后，许多富裕人家的姑娘和妇女都纷纷穿耳戴环，并流传至今，成为高贵身份的象征。

　　耳环最初多用于南北各地的少数民族，后传到中原，也为汉族妇女所接受。早期的耳环多以青铜制成，其形制较为简单，一般用较粗的铜丝弯曲而成，在铜丝的一端锤打磨尖，以便穿过耳垂上的小孔。

　　唐朝妇女不崇尚穿耳，只有在少数歌女舞姬以及从事卖笑生意的妇女中间才偶尔有戴耳坠的现象。宋代妇女喜戴耳环，却很少佩戴耳坠。

　　宝石耳饰应当算是众多耳饰中最受欢迎的了，佩戴宝石耳饰最能体现尊贵感，提升气场，很多的贵族名媛都有佩戴宝石耳饰的习惯。

白 18K 金红宝石耳钉

材质：白 18K 金

质量：约 2.8 克

宝石数量：2 颗

宝石重量：共约 0.7 克拉

配石重量：共约 0.6 克拉

证书：CMA 国家级权威珠宝鉴定证书

18K 玫瑰金葡萄石耳钉

总重：2.25 克左右

切工：优

镶嵌材料：18K 玫瑰金

证书：CMA 国家级权威珠宝
鉴定证书

Gem

钻石　宝石　水晶

白 18K 金豪华钻石红宝石耳坠

材质：白 18K 金

质量：约 1.8 克

宝石数量：2 颗

宝石重量：共约 0.6 克拉

配石数量：36 颗

配石重量：共约 0.2 克拉

证书：CMA 国家级权威珠宝鉴
定证书

红宝石钻石耳钉

宝石数量：2 粒

宝石重量：0.63 克拉

金重：1.88 克左右

配石重量：0.08 克拉

切工：优

镶嵌材料：18K 玫瑰金

证书：CMA 国家级权威珠宝
鉴定证书

18K 白金托帕石镶钻石耳坠

宝石数量：2

宝石重量：6.7 克拉左右

总重：4.29 克

钻石重量：0.097 克拉（共
4 颗钻石）

切工：优

镶嵌材料：18K 白金

证书：CMA 国家级权威珠宝
鉴定证书

18K 玫瑰金红宝石耳钉

材质：18K 玫瑰金

质量：约 2.8 克

宝石数量：76 颗

宝石重量：共约 2.3 克拉

配石数量：无

证书：CMA 国家级权威珠宝
鉴定证书

中国宫廷中的红、蓝宝石首饰有何特点

明代宫廷珠宝中红、蓝宝石首饰很多，主要是以首饰石的形式镶嵌在金银质的冠饰、耳坠和发簪等饰品上。从首饰石的形制来看，一般是保持天然红宝石、蓝宝石最初的模样，只进行外形抛光，连皇帝所用的宝石也是如此，并没有深度的加工。原因与红、蓝宝石硬度大，颗粒小，加工方式与玉器不同有关。

明代万历孝靖皇后的凤冠，保留了历代后冠的基本造型。自汉代起中国皇后的凤冠以凤凰表明女性身份，北宋时凤冠的形制是"妃首饰花九株，小花同，并两博鬓，冠饰以九翚、四凤"。南宋时开始加入龙的形象，并添入珠翠点缀。明代凤冠集前朝凤冠之大成，以竹丝为骨，缀以金丝翠羽，再以珠宝穿镶其间。

王侯也拥有各式冠饰。一款1956年出土的明代贵胄束发用的金饰凤凰冠高69厘米，帽体用黄金打铸框架，外壁以金片和金丝制成花卉和飞禽，宝石嵌入充当花心和鸟眼，这些宝石主要是绿松石、蓝宝石。

》宝石项链

很多爱美的女性都喜欢佩戴彩色的宝石项链，美丽的项链能为女性增添非凡的魅力。不过，佩戴宝石项链也要注意和自己的脸型做到搭配得当，才能达到事半功倍的效果。

鹅蛋脸的女士不必太过注重项链的款式。鹅蛋脸本身就很完美，佩戴各类项链都能体现出不同的魅力和风情，稍微点缀即可。

脸型偏长的女士，最好选择圆形或者心形的彩色宝石项链，这样的项链能更好地凸显你的脸型和颈部，给人带来"眼前一亮"的感觉。千万不要选择流线型的彩色宝石项链，否则会使本来偏长的脸型显得更长，破坏美感。

圆形脸的女士，不要选择太过粗重的项链和吊坠，这样的搭配会给人一种"头重脚轻"的感觉。可以选择流线型的彩色宝石项链，这样可以衬托出迷人的锁骨，散发性感魅力。

宝石

华丽蜕变

钻石·宝石·水晶形成、开采加工与成品 ●

方块脸的女士，最好选择单颗彩色宝石项链来减少立体感和棱角感，从局部突出脸型的圆润感。建议选用圆形的链子或者圆形的吊坠来帮助勾勒柔美脸型和迷人气质，切忌选择棱角分明的彩色宝石项链。

不同的脸型要配不同的宝石项链才能显示出独特的魅力和气质，适合自己的项链才是最好的饰品。

椭圆形天然蓝宝石配钻石项链、戒指、耳环、手镯套装

18K 白金红宝石钻石吊坠

宝石重量：0.51 克拉

总重：1.1 克左右

配石重量：0.07 克拉

切工：优

镶嵌材料：18K 金

证书：CMA 国家级权威珠宝鉴定证书

红碧玺吊坠

配石重量：0.13 克拉

主石材质：红碧玺

产品材质：18K 玫瑰金

主石重量：0.47 克拉

主石净度：20 分以下不分级

主石颜色：20 分以下不分级

商品证书：南京国检

Gem

钻石　宝石　水晶

18K 白金红宝石吊坠

材质：白 18K 金

质量：约 1.0 克

宝石数量：12 颗

宝石重量：共约 0.5 克拉

证书：CMA 国家级权威珠宝鉴定证书

18K 玫瑰金红宝石吊坠

材质：18K 玫瑰金

质量：约 1.6 克

宝石数量：38 颗

宝石重量：共约 0.97 克拉

配石数量：无

配石重量：无

证书：CMA 国家级权威珠宝鉴定证书

18K 玫瑰金红宝石吊坠

材质：18K 玫瑰金

质量：约 2.0 克

宝石数量：9 颗

宝石重量：共约 1.9 克拉

配石重量：共约 0.17 克拉

证书：CMA 国家级权威珠宝
鉴定证书

18K 玫瑰金红宝石吊坠

材质：18K 玫瑰金

质量：约 1.9 克

宝石数量：4 颗

宝石重量：共约 0.7 克拉

配石数量：28 颗

配石重量：共约 0.15 克拉

证书：CMA 国家级权威珠宝
鉴定证书

Gem

钻石　宝石　水晶

宝石首饰的保养

宝石首饰的清洗及保养方式与钻石大致相同。存放时应以珠宝盒或透明胶袋独立存放妥当，并且避免饰物互相碰撞。若要清洗宝石首饰，可以把宝石首饰放在稀释的皂液中用软毛刷轻擦宝石以及托位，然后用清水冲洗，再用软布吸干水分，同时别忘记预先用盆盛着宝石首饰或将宝石首饰放在已塞好下水口的洗涤池中洗擦，以防宝石首饰掉进下水道里。此外还需特别注意的是，尽量不要把祖母绿放进超声波清洗机中清洗，切忌用高浓度的肥皂液（因其腐蚀性强）或热水清洗，以防祖母绿失去光泽或者因为振动造成祖母绿破碎。此外，祖母绿非常脆弱，所以佩戴时要格外小心，避免被硬物撞击。

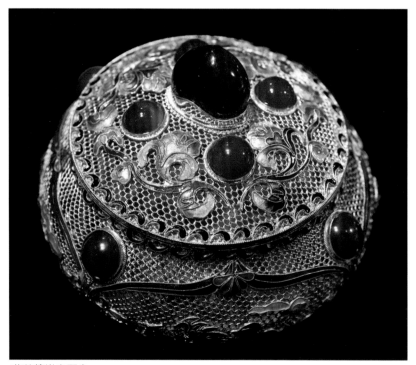

花丝镶嵌宝石盒

红宝石的评价要点

评价要从颜色、纯净度、切工、造型的对称性、抛光程度、重量几方面综合衡定。

1. 颜色

要求"正浓阳均"。正指色纯；浓指色彩饱和度高；阳即指色彩鲜艳、明度高；均指颜色均衡匀净。红宝石中缅甸鸽血红是最著名的。

2. 纯净度

由于净度高低与宝石颜色关系很大，因此宝石内部瑕疵小、裂隙少、斑纹位置不明显能更好地保证净度，保证宝石颜色的纯正均匀。

3. 切工

红、蓝宝石首饰要求切工讲究，一般参照钻石切工要求。

4. 造型的对称性

对称性也属切工的标准。要使钻石的造型对称，钻石加工者就应掌握工艺规则，确定最合理比例，选择最理想的造型。完全对称的切工一直被看好，因此了解宝石特性，琢磨出稳定对称的图形有助于展示宝石的优点。

5. 抛光程度

抛光是打磨宝石表面。抛光程度不同，宝石光泽程度有异。对星光宝石而言，抛光工艺更显重要。

红宝石吊坠

钻石 **宝石** 水晶

Gem

宝石

6. 重量

对于宝石而言，重量是一个重要的考量标准。任何宝石级刚玉都是越大越好，优质红宝石更是如此，价格随重量呈几何级倍数上涨。

红宝石的鉴别

》红宝石与锆石的鉴别

红色锆石很少见。对于磨好的成品，可以发现它的折光率已超过了折光率测定仪的测定范围（红宝石的折光率可以用折光率测定仪测定）。锆石成品的表面闪光非常明亮，并且有五颜六色的变彩，这是红宝石所没有的。锆石的双折射性强烈，从戒面石的顶面（台面）观察，很容易见到底面的棱线出现明显的双影，红宝石戒面是见不到这种双影的。

》红宝石与铁铝石榴石、镁铝石榴石的鉴别

石榴石是均质体，不会有二色性。红宝石则有显著的二色性，它一个方向深红，另一方向为黄红，可用二色镜或偏光仪观察识别。

蓝宝石吊坠

》红宝石与尖晶石的鉴别

红色的尖晶石最容易与红宝石相混，因为它们外观相似，又产于同一砂矿之中。在 19 世纪之前，红宝石与红色尖晶石是不分的。到了 19 世纪以后，才确定为两种宝石。利用二色性、折光率、荧光光谱可区别红宝石与红色尖晶石。

》红宝石与黄玉、电气石（碧玺）的鉴别

黄玉、电气石的折光率比红宝石低得多，对于琢磨好的成品，只要在折光率测定仪上测试，立即可以将其与红宝石区分开。此外，黄玉没有深红色的，只有浅红色。电气石（碧玺）的双折射较大，用放大镜观察，可以看见棱面石底部的棱线具有双影。

》红宝石与红色玻璃的鉴别

玻璃是均质体，没有二色性，只要用二色镜一看即可将其与红宝石区分开。玻璃只有一个折光率，一般都低于1.7，远远低于红宝石的1.76，用折光仪一测即知。用放大镜仔细观察，玻璃宝石的琢磨质量粗劣，有时甚至是模压而成，并非琢磨抛光，故表面残留有麻点凹坑等。在玻璃内部，常有很多弯曲的波浪状塑性条纹及圆形气泡。此外，玻璃用手摸或舌舔时有温感，而结晶物质如红宝石则有凉感。

》红宝石二层石的鉴别

红宝石二层石有几种制法：一种是用薄层无色的天然蓝宝石作顶，下粘人造红宝石；另一种用红色铁铝石榴石作顶，下粘无色透明玻璃。鉴别时可用放大镜观察宝石的腰部，可发现粘合的细缝。适当地转动宝石，上下两部分的光泽可能会突然变化。在粘合面上常有许多气泡，通过放大镜可见到。

天然祖母绿的鉴别

》祖母绿与翠榴石的鉴别

翠榴石是呈现鲜绿色的贵重宝石，它的折光率比祖母绿高得多，制成首饰后颜色比祖母绿漂亮，因其折光率超过了折光仪的测定范围，凭这一点可以将二者区分开。不过颜色鲜艳的翠榴石也是贵重宝石，价格昂贵，一般不会用来冒充其他宝石。

》 祖母绿与钇铝石榴石的鉴别

　　钇铝石榴石是价格非常低廉的人造宝石，商品名称 YAG，它与祖母绿的区别也是折光率很高，大大超过了折光仪的测定范围。此外，通过它的透射光有显著的红色。

》 祖母绿与萤石的鉴别

　　萤石被当作宝石，是因为颜色惹人喜爱。有些产地的绿色萤石在外观上与祖母绿很相似，用查尔斯滤色镜观察时呈淡红色。因此，萤石棱面石很可能被用来冒充祖母绿。要区分萤石和祖母绿，用折光仪一测即知；也可用硬度计。对于未镶嵌的宝石，用重液区分很有效。

银镶宝石头饰

》 祖母绿与绿色玻璃的鉴别

用来冒充祖母绿的玻璃，品相与祖母绿非常相似，但折光率和密度都高于祖母绿，用折光仪和重液测定即可区分。亦可根据其导热性、硬度、偏光性及包体进行区别。玻璃的导热性差，舌舔之有温感，而祖母绿舌舔之为长时间的凉感。祖母绿的硬度是 7.5，能在水晶硬度标准片上划出伤痕，而玻璃则不能；祖母绿是六方晶系的非均质体，在偏光仪的正交偏光镜下转动会有明显的亮度变化，而玻璃是均质体，用同样的方法测定的亮度没有变化；用放大镜观察，玻璃内经常包有许多大小不一的气泡，甚至成串，有时还可见到熔化玻璃时生成的弯曲线纹。

》 祖母绿与绿柱石玻璃的鉴别

将劣质绿柱石熔融，并加入一些铬离子，冷凝后即成为鲜绿色的玻璃，可以用来冒充祖母绿。因其硬度与祖母绿相近，但折光率和密度都低于祖母绿，可用折光仪测定折光率后区别；也可选用密度为 2.65 的重液，宝石投入后，如是祖母绿（密度为 2.71）会下沉，如是绿柱石玻璃（密度为 2.42）会上浮。

》 祖母绿猫眼的鉴别

具有猫眼闪光的祖母绿是难得的珍品，但有时会与绿电气石猫眼及橄榄石猫眼相混淆。由于电气石（碧玺）猫眼有强烈的二色性，而首饰石的棱线有双影，用二色镜及放大镜观察不难将具有猫眼闪光的祖母绿与绿电气石猫眼区别开。橄榄石为黄绿色，与祖母绿颜色不同，在查尔斯滤色镜下不呈红色。此外，电气石和橄榄石的密度比祖母绿大得多，可利用重液区分。

Rock Crystal

第三篇 千年之冰

水晶

3

水晶概论

　　水晶是一种历史悠久的天然宝石。一直以来，水晶因其坚硬、纯净、通透的品质受到各国人民的喜爱，被视为纯洁善良、冰清玉洁和坚强不屈的象征。传说古罗马人在阿尔卑斯山最早得到水晶的时候，非常惊奇，认为它是由冰变化而成的。中国古人也认为水晶是"千年老冰"，因此把水晶叫作"水精""水玉""玉晶""菩萨石""千年冰"等。

　　水晶是一种大型石英结晶体矿物，其主要的化学成分是二氧化硅，摩氏硬度为 7，密度为 2.66 克 / 立方厘米，具有特殊的压电性和光学性质。它是石英族矿物里面透明的结晶体，如果是结晶但是不透明的只能称为石英晶体。水晶晶面有玻璃光泽，贝壳状断口面呈现油脂光泽。

水晶原石

紫晶洞摆件

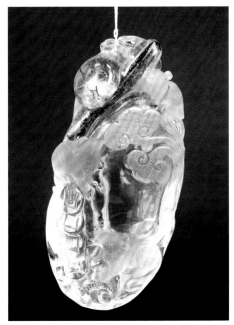

白水晶鼠来宝吊坠

　　西方国家认为只要是透明的都是水晶，所以西方国家所说的"水晶"这个主含义包含了无色透明的玻璃（K9类），也包含了天然的水晶矿石。

　　中国国家标准近年来对水晶的名称进行了明确的规范，水晶指的就是天然水晶，是天然宝石的一种，前面无需加"天然"二字。合成水晶要加"合成"二字，不可以省略。拼合水晶是处理水晶，前面要加"拼合"二字。如果是天然水晶经过染色、辐照等方法处理过，必须加"处理"二字，例如：水晶（处理）。

天然水晶耳饰

　　水晶晶体属三方晶系，通常情况下是六棱柱状，柱体呈一头尖或两头尖，多条长柱体连结在一块儿，通称晶簇，美丽又壮观。因为二氧化硅结晶不完整，所以形状千姿百态。在水晶的柱面上，经常分布平行的横纹。

　　无色透明的水晶最常见，如果水晶中含有杂质，就会呈现出各种各样的颜色，如紫色、茶色、烟灰色、黑色和淡黄色，内部有针状或者纤维状矿物包裹体的特殊品种叫"发晶"。

藏银镶嵌蓝水晶复古宫廷耳环

水晶的形成原因

　　水晶经常被人称作石英，其实在物理及化学性质上，它们都是相同的物质。天然的水晶很难达到完全透明而无内含物，其蕴藏惊人的能量，能启发灵感，帮助冥想。

　　水晶的形成条件要比一般石英苛刻，首先要有充裕的生长空间；其次有提供物质的热液，即富含二氧化硅的热液；再次有较高的温度、压力；最后需有生长时间。具备这四个条件才可生成水晶。水晶大多生长在地底下或者岩洞中，需要有丰富的地下水来源，地下水又多含有饱和的二氧化硅，同时压力约需在大气压力下的2倍至3倍左右，温度则需在550℃—600℃间，再给予适当时间，水晶就会依着六方晶系的自然法则，而结晶成六方柱状的水晶了。在自然界中，因为原料、

茶色水晶原石

天然紫水晶耳钉

温度、水质、压力等的条件一直在变化，
很难达到理想状况，通常都需要在理想
状况下生成水晶所需时间的数万倍或是
数百万倍，才能使水晶达到与理想状况
下相同的生成效果。这也是为什么地质
年龄动辄以百万年为计算基数，天然水
晶的珍贵就在于此。

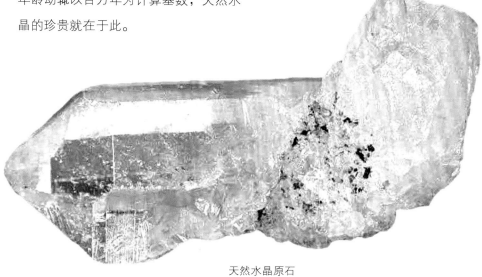

天然水晶原石

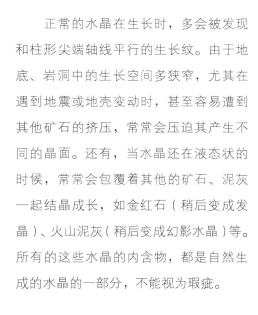

黄水晶招财助运龙摆件

正常的水晶在生长时，多会被发现和柱形尖端轴线平行的生长纹。由于地底、岩洞中的生长空间多狭窄，尤其在遇到地震或地壳变动时，甚至容易遭到其他矿石的挤压，常常会压迫其产生不同的晶面。还有，当水晶还在液态状的时候，常常会包覆着其他的矿石、泥灰一起结晶成长，如金红石（稍后变成发晶）、火山泥灰（稍后变成幻影水晶）等。所有的这些水晶的内含物，都是自然生成的水晶的一部分，不能视为瑕疵。

水晶项链

水晶

华丽蜕变

钻石·宝石·水晶形成、开采加工与成品 •

黄水晶摆件——招财树

水晶的种类

根据颜色的不同，人们把水晶分成无色水晶、紫晶、烟晶、黄水晶、绿水晶、芙蓉石、双色水晶等。根据水晶内部包裹的不同，可以把水晶分成发晶、水胆水晶和幻影水晶。根据工业用途我们可以把水晶分为压电水晶、光学水晶、熔炼水晶和工艺水晶。根据成因的不同可以把水晶分为天然水晶和合成水晶。

地质学家认为，大约在 23 亿年以前，今天的江苏省东海县一带还是茫茫沧海，经过海底火山喷发，地壳不断运动、变迁，直至唐宋时期才形成今天东海县的地形地貌。

据地质部门对牛山周围地区的全面勘察，已查明全县约有 380 多条巨大石英矿脉。石英矿脉，老百姓土话称它为"石龙"，石龙里往往蕴藏丰富的水晶资源。

自然界中，发育的节理裂隙及断层是水晶生长的良好空间。花岗岩发育或强烈的变质作用可提供充足的热液，这种热液本身就具备较好的温度与压力。地球上不乏具备这些条件的地域。

绿幽灵水晶球

一般来说，在人为控制的理想环境中，即在物理、化学条件都符合上述条件的状况下，水晶的生长速度约为每天 0.8 毫米，这也是许多人造水晶的实验室、工厂的标准生产速度。由此所培育出来的水晶，就是所谓的人造水晶，通常切割为晶片供电子、电脑、通讯工业使用；也有人称之为养晶。一般有工业用途的人造水晶，其厚度约 3 厘米左右，即 30 毫米，大概需要 40 天左右的时间来成长；若要培育可磨制成 10 厘米以上的水晶球的水晶，约需 120—180 天。但是，这都是在人为控制下、在最理想的环境中，才能保证这样的生长速度。

天然水晶金丝发晶吊坠——弥勒佛

白金钻石首饰套装

金丝晶的佩戴

弥勒佛是比较常见的雕件，体型胖大、坦胸露腹、手招串珠、笑口常开。选择佩戴佛像的人，相信佛祖会保佑他们平安、顺心，并且帮助他们驱除恶念、净化心境。

金丝晶是水晶中的上品，寓意吉祥如意、万事太平，是品位与地位的象征。在各种品质的金丝晶中，没有杂质和带有金黄色金丝的晶体最为罕见。

据说金丝晶具有很强的化煞功能，最宜犯太岁者使用。对长期患病或者运气处于低潮者，则具有强大的保护作用。

金丝晶对于呼吸系统存在缺陷的人，也能起到莫大的帮助。

Rock Crystal

钻石 宝石 **水晶**

清代紫水晶雕瓶

天然水晶的功效

天然水晶是历经数百万年生长而成的奇妙宝石，具有规则的分子排列和振荡性。天然水晶可以储存讯息，并将其转换成能量进行无限倍的放大后向外传递，它的能量与人体气场的频率极为接近，故能引发共振。其强大的磁场可帮助消除人体的负能量或帮助人体避开不良的磁波（例如电脑、手机等辐射性物品在使用时所产生的磁波），使人的体质增强，对人体新陈代谢颇有助益。据说若在家中摆放水晶，可改变家中的磁场及风水，达到招财挡煞之目的。如果能有效地运用水晶，即会发现它对人们的运气、健康、财富、爱情、事业、人际关系、智慧等都能起到很大的帮助。

水晶矿床

现代地质学研究证明，水晶生成于几十亿年前的元古代至几千万年前的新生代伟晶岩脉或晶洞中。

天然水晶石

水晶胸针

水晶是从含有氧和硅的溶液中结晶出来的，它们纯净透明、晶莹闪亮、惹人喜爱。要形成水晶晶体，除了需要水，还要有一定的空间，例如岩石中的空洞，水晶就长在空洞的洞壁上。

由于地壳运动、火山爆发，地球内部的岩浆从上地幔向地壳逐渐渗出，部分岩浆随着环境、温度以及压力的变化在近地表冷却结晶形成玄武岩、花岗岩等岩浆岩，一部分岩浆则在流出地面后成为火山岩。流出地面的火山熔岩如果冷却迅速，没有来得及结晶，就会形成黑曜岩（一种天然宝石，属于天然玻璃）。火山活动、变质作用都可产生富含二氧化硅的溶液，水晶矿床的形成与这些地质运动存在重要的联系。

天然粉色水晶球

发晶手串

》伟晶岩矿床

天然黄水晶球

　　伟晶岩是一种矿物结晶颗粒粗大，常呈不规则岩墙、岩脉或透镜状的岩浆岩体，大部分伟晶岩矿床在成因上都与岩浆岩有关。岩浆岩或火山岩缓慢冷却、结晶，在结晶作用后期形成岩浆期后热液。由于温度、压力的进一步降低，含有大量挥发成分的残余溶液和气态溶液在这时会呈现出黏性小、导热性小、热能储量大的特点，使得岩浆冷却变慢，有利于分异作用而形成大的结晶体，从而形成伟晶岩。在岩浆结晶后期，一部分含二氧化硅的溶液沿着构造裂隙运移，在合适的部位形成水晶矿。

》热液矿床

热液矿床指各种成因的含矿热水溶液，在一定的物理化学条件下通过充填或置换作用形成的有用矿产堆积体。根据热液类型的不同来区分，可分为岩浆岩热液型矿床、火山期后热液型矿床和与地下水有关的热液型矿床。

》岩浆岩热液型矿床

在岩浆冷凝过程中以及在岩浆结晶作用的一定阶段，由于压力降低，温度变化，水挥发集中，形成了高温含矿气水热液，这些含矿气水热液会在岩洞、岩石裂缝或节理断层中沉淀下来。产于岩浆岩热液矿床中的宝石主要有紫水晶和黄水晶。水晶的形成首先要有足够的生长空间，一般生长在岩洞、岩石裂缝或节理断层中；其次需要有两至三倍的大气压及570℃以上的温度；再次要有充裕的、富含二氧化硅的热液，才能结晶而成。

Rock Crystal

钻石 宝石 **水晶**

多层水晶手链

紫色猫头鹰水晶胸针

水晶胸针

　　地壳一直处于不停的运动当中，温度的改变、热液的缺失都会影响水晶的生成、水晶的品质和大小。水晶的一部分包裹体就是由于水晶生长环境的变化而形成的。

我国古代的水晶

　　在中国古代，水晶除了能用来做饰品外，还广泛被作为官阶的标志物、军旗、药饵、佩剑、印玺等物品的原料，有时还用于辟邪祈福。

　　我国清朝的朝珠就是由水晶穿成的，还被装饰在朝服和乌纱帽上，以显示皇家的威仪和官场的权势。在清朝官员的朝服和吉服上面都镶嵌着水晶，比如，对朝冠的规定是：五品官顶戴饰小蓝宝石，上衔水晶；七品官顶戴饰小水晶，上衔素金。对吉服冠的规定是：五品官顶戴饰水晶。雍正五年（1727年）重新规定五品、六品官用水晶顶戴；雍正六年（1728年）改规定为七品官用镂花水晶顶戴。

水晶朝珠

Rock Crystal

》火山期后热液型矿床

火山喷发后期，大量固体矿物结晶冷凝形成火山岩，残余热水热液流过早期喷发火山岩，从而析出二氧化硅。二氧化硅在喷出岩气孔和空洞中沉淀，在中高温条件下结晶，形成晶洞型紫水晶。火山喷发后期分异出的气态和液态溶液与以前形成的围岩发生化学反应和物质相互交换作用，在此过程中，二氧化硅析出，在泥土和岩石的空穴中与空气接触，在部分岩石气孔和空洞中沉淀，慢慢地在空穴壁上凝结成晶体，就形成了水晶，而空穴就变成了所谓的"水晶洞"。

这些"水晶洞"从外表看起来跟普通石头一样，但切割开后就会发现洞穴内壁上凝结着一支支跟人的手指大小差不多的六角柱状水晶。火山期后热液在中低温条件下可形成隐晶质玉髓、欧泊、玛瑙。

华丽蜕变

水晶

钻石·宝石·水晶形成、开采加工与成品 ●

清代水晶香炉

玫瑰水晶胸针

水晶酒樽

水晶酒杯

》与地下水有关的热液型矿床

地下水（包括变质水）流动时，从围岩、矿源层及矿床中溶解、淋滤出二氧化硅，当其流动到合适部位则重新沉淀，形成各种层状矿床。在强烈褶皱或断裂破碎带中，形成晶洞和含晶石英脉。世界上分布最广泛的水晶矿床的形成就与此有关。近年来，中国广西发现一种含水晶方解石脉的新型水晶矿床，晶洞内石英体无色透明，与方解石、冰洲石等伴生。

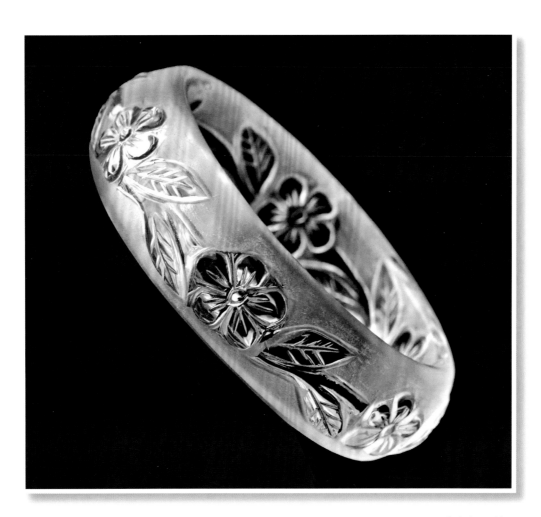

天然白水晶手镯

水晶花朵耳饰

》风化壳矿床

在地表或接近地表的常温常压环境中，在水、风和生物的共同作用下，各类岩石磨损风化，易溶物质被带走，其中一部分不溶于水的玉髓等矿物沿着泥土空洞一层一层地沉淀固结，凝聚或沉积下来形成玉髓和玛瑙矿。另一部分含二氧化硅凝胶和碳酸氢钙混合物的水溶液在地表水的携带下一起运移、富集，由岩洞中渐渐渗出，日积月累逐渐形成石笋、钟乳石或其变种蛋白石。

水晶耳环

水晶耳钉

水晶的传说

自古至今，水晶都被人们看作最纯净的物质，它常被人们比作贞洁少女的泪珠，夏夜天穹的繁星，圣人智慧的结晶，大地万物的精华。人们还给珍奇的水晶赋予了许多美丽的神话故事，把象征和希望寄托在它的身上。人们认为水晶可以促进彼此之间的交流，使众人和睦相处，家里摆设一件，可保家族和睦兴旺。古希腊人认为水晶是"洁白的冰"，有神灵藏身其中。

传说很久以前，在今天的江苏省东海县境内有座山，山间有两条小溪，一条叫"上清泉"，另一条叫"下清泉"。有一位美丽的水晶仙子住在小溪旁边修行，山下有个小村庄，水晶仙子喜欢上了村里的一个帅小伙。这个小伙子健康勇敢、勤劳善良而且乐于助人，虽然很贫穷，但是他乐观开朗。当然他也对水晶仙子心生爱慕，二人两情相悦，准备结为夫妻。

不过，水晶仙子和凡人相恋的事情不知怎么被天上的玉帝知道了，玉帝得知此事之后非常愤怒，他认为人仙不能结合，就派天兵天将来到东海，要把水晶仙子带回天庭，水晶仙子不愿意回去，又无力反抗，只能独自落泪，这些眼泪落到人间便慢慢化为水晶。

水晶的开采

　　水晶在地球上要经历亿万年的生长过程才能够为人们所用，具有商业价值的水晶很少能从地表采得，大部分的水晶都深埋于地层和岩石中，必须经过艰辛的开矿、采矿过程才能取得。

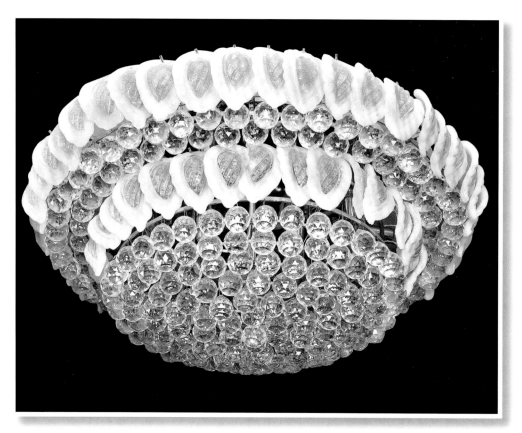

黄色水晶灯

》中国江苏省东海县水晶的开采

大约 23 亿年前，今天的江苏省东海县一带还是茫茫沧海。地壳不断运动、变迁，经历多次地质作用，产生了丰富的变质热水溶液。到了距今 3 亿至 2 亿年前，进入到地质年代的燕山期，那时地壳的运动非常强烈而频繁，地壳运动在东海县西侧形成了驰名中外的郯庐断裂带，东侧形成了海泗断裂和大量的节理、小断层。海底火山喷发，大量含二氧化硅的岩浆喷出地表。由于得天独厚的地理条件，一部分二氧化硅冷却形成大的花岗岩体，另一部分含矿溶液沿着这些通道运移，在成矿环境适宜的地方结晶沉淀下来，形成了今天东海县的水晶矿。

水晶耳钉

红、黄水晶花形戒指

水晶耳饰

　　江苏省东海县境内的水晶以无色透明、半透明晶体为主，也有紫水晶体、烟晶体、绿晶体、乳白晶体及蔷薇晶体，但这些有色水晶储量非常少。其分布特点是：面广而散，埋藏浅，适合民采。勘探和开采深度一般从地表至地下 20 米左右。

　　水晶矿产的开采有露天和巷道两种方法。其中露天开采是最常用的方法，矿工们用铁锹、镐等工具挖掉表层泥石，然后从上到下修整出一块块平地，再用手工工具和汽锤修成台阶，最后再自下而上一级级地刨土，让上层的土石落下来，如果在这个过程中发现矿脉，便可采掘。

　　由于水晶在地下多呈块状、簇状、粒状分布，与岩石生长在一起，所以采掘起来非常困难。如果采用打洞放炮的方式，会导致晶块震碎破裂，粒度变小，内部产生大量裂纹，采出的水晶派不上大用场，又会降低其价值。

水晶的特性

1. 天然性

天然性是水晶的基本特性。

2. 稀有性

天然水晶是不可再生资源，随着不断开采，天然水晶的存量已越来越少。

3. 奇特性

水晶原石的形态、质地、内部特征等方面往往十分奇异。大自然的无限风光，都可以在包裹体水晶中找到缩影。

4. 耐久性

水晶的主要化学成分为二氧化硅，化学稳定性非常好。水晶的硬度很大，其摩氏硬度为7。这些性质决定了水晶不会腐烂变质，具有耐久性，容易保存，非常适合收藏。

》巴西水晶的开采

巴西盛产紫水晶。巴西南部在上百万年前是一个火山活动频繁的地区，大量的火山岩浆热液经过数百万年的结晶，最终在玄武岩的气

水晶胸针

黄色水晶灯

孔中形成了水晶。由于水晶结晶时包含了大量铁离子，使无色水晶变成了紫色。现在许多黄水晶都是巴西北部产出的紫水晶加热变色而成的。

巴西南部的水晶产于玄武岩地貌中，紫水晶产于岩洞和裂隙中，有 200 多个矿点，一般都是采用巷道开采和露天开采。开采方法比较传统，矿工用水钻头来开采紫水晶，不注意综合利用，跟一二十年前

海洋之心水晶项链

四色炫彩水晶耳钉

缅甸的玉石开采类似。当时，缅甸有很多玉石被认为质量不佳，都丢进了山谷，结果还要重新把它们捡回来利用，现在巴西水晶石的开采也是这种状况。

　　在坑道内，矿工用炸药爆破坑壁，如果比较走运的话就会有水晶笋露出来，如果未发现水晶笋，再用气动钻逐步将岩石去除，敲击壁面，如声音空洞则壁后可能会有水晶笋，发现水晶笋后在笋面上凿出一洞，将灯泡伸进去查看晶洞的大小和形状，然后用气动钻将整体水晶笋切出岩壁。取出立体水晶笋后用铁凿去除表面的玄武岩，这时的水晶笋变成了中空的状态，再根据晶洞的大小和形状画上开窗的位置，开窗的位置决定着展示的方向，非常重要。然后用钻石锯片锯开，锯开后的盖子经切割整理便成为小块的紫水晶片。通常长形的紫水晶笋都从中间对剖成对，边缘进行抛光处理，水晶的透度和亮丽便会显现出来。

水晶镶钻胸针——龙之恋

》乌拉圭水晶的开采

乌拉圭水晶矿生成于岩浆活动晚期。玄武岩在地层中漫流，当环境改变，温度与压力降低时，一些气体会自热液中析出并缓慢上升。当地下水溶液含饱和二氧化硅、溶液又稳定时，就会慢慢结晶长出水晶，当饱和的地下水溶液不稳定时（无可结晶的环境），就会形成均匀无晶型的玛瑙。乌拉圭出产水晶的矿区主要在北部靠近巴西的地方，那里地广人稀，土壤贫瘠无法种植，所以农业不发达，地表覆土上只能生长较短的杂草。在乌拉圭的矿区，通常地层上层为玛瑙，下层为水晶，说明这里曾发生过热液活动导致了环境的变化。从地表覆盖的土往下挖不到 10 米便可挖到玄武岩地层，含有紫水晶与玛瑙的地层之间的距离不超过 2 米，矿工顺着玛瑙地层一路挖下去就能找到水晶地层。

乌拉圭的紫水晶非常有名，好的紫水晶产量稀少，乌拉圭政府考虑到自然生态问题，发放的开采执照有限，目前只有 15 个左右的矿区在开采，但由于开采的成本越来越高，有些矿坑的矿主已决定放弃开采权。

水晶加工的原理和基本方法

开采出来的水晶需要经过加工才能发挥其最大价值和作用，满足人们佩戴、观赏和收藏等方面的需求。根据水晶原材料和用途的不同，水晶的加工一般分为水晶原石，水晶装饰品和水晶、玉石、玛瑙雕刻件的加工。水晶装饰品加工主要有弧面形、刻面型、珠型和异型加工。

发晶手镯

水晶

华丽蜕变

钻石·宝石·水晶形成、开采加工与成品 ●

金色花朵水晶胸针

》 水晶原石的加工

　　优质的水晶单晶、水晶双晶、水晶晶簇和水晶集合体等都可以作为水晶原石，水晶原石以水晶的自然形态为观赏内容，一般来说只需要经过简单的加工甚至不需要加工即可成为具有观赏价值、艺术价值和收藏价值的宝石。对于玛瑙水晶晶洞，重点是要突出其纹理的美丽，需要将其切割为两半或特殊造型，然后抛光。对于晶洞中的水晶，如巴西紫晶洞，需要用金刚锯把水晶洞切成两半，对其围岩和外观进行修整。

》弧面型水晶的加工

　　弧面型又称素面型或凸面型，主要适用于含有特殊包裹体的透明水晶、所有不透明和半透明的宝石以及玛瑙、黑曜石等。具有特殊包裹体的水晶加工成弧面型后可以显现特殊的光学效应，如星光水晶、猫眼水晶。具体工艺流程是：画线、下料、圈形、上杆、预形、细磨、抛光和后期处理。

蓝色水晶胸针

Rock Crystal

钻石　宝石　**水晶**

复古时尚水晶手镯

水晶胸针　　　　　　　　　　　　14K 金黄水晶吊坠

》 刻面型水晶的加工

　　刻面型又称棱面型、翻光面型和小面型。它由很多具有一定几何形状的小面组成，形成一个规则的立体图形。其琢形很多，主要有圆多面形、玫瑰形、阶梯形和混合形。刻面型宝石在加工前要进行设计，设计内容包括颜色、琢形、重量、瑕疵、包裹体、比例等。设计好后再进行加工，加工的工艺流程分为出坯（把原料切割成小块料，然后用修理锯切割出宝石款式的雏形）、上杆、圈形、冠部的研磨（用宝石刻磨机带动毛坯在磨盘上磨出不同角度的小面，刻磨机一般使用八角手刻磨机和机械手刻磨机）、冠部的抛光、上杆、亭部的研磨、亭部的抛光、后期处理等步骤。

黑色水晶项链

》珠型水晶的加工

珠型琢形的几何形态比较简单，分为球形珠、腰鼓珠、柱形珠及其他形珠，主要用于制作项链、手串、胸坠等首饰，需要把多个珠串连起来，其所显示的美不仅体现在单个珠的形态、颜色和质量上，而且体现在整串珠的造型和搭配上。珠型水晶的加工工艺流程包括开石、出坯、预形、粗磨、细磨、抛光、过蜡、穿孔等。

》异型水晶的加工

异型包括简单自由型、雕件型和随型。简单自由型是人们根据原石的自然形态、颜色等刻意琢磨出的造型；雕件型也属于自由型，通常形态更为复杂，甚至是多种自由型的组合；随型是人们完全按照大自然所赋予原石的形状，进行简单地磨棱去角和抛光，如三峡石、雨花石等观赏石即为随型石。

花朵水晶胸针

Rock Crystal

水晶手镯

》雕刻件的加工

玉不琢不成器。对于较大的水晶单晶体、玛瑙和玉石，要以原石的大小、厚度、尺寸来决定制作何种雕刻件，高品质的水晶制品要扣除原石的瑕疵部分。有经验的水晶磨制师对原石切削的标准判断很准确。其磨制流程大概分为 4 个步骤：

1.水晶原料的挑选。

2.水晶原石的切割。

3.水晶原石的定型。

4.定型后原石的深加工。

雕刻件的加工过程很复杂，有琢磨工艺、抛光工艺、装潢工艺，可以说每个环节都是必不可少的。

玫瑰金水滴形水晶项链

其中琢磨工艺是制作雕件的主要环节。顾名思义，琢磨就是琢和磨，最后出造型。有了造型后，要进行抛光，抛光直接关系到雕件的美观程度。这两道工序完成后，还要进行装潢，一是美化雕件，二是保护雕件。通常需要根据原材料的特点，设计出艺术品的最终造型。

蝴蝶水晶胸针

水晶加工的工艺特点

　　水晶及石英岩类玉石虽说不像钻石和红蓝宝石那样名贵，但在加工过程中如果构思巧妙而且工艺精细，同样具有很高的价值。如富有中国传统特色的玛瑙"虾盘""龙盘""水漫金山"都被誉为国家级宝玉石。

250.67 克拉天然紫水晶配钻石、粉色蓝宝石吊坠

水晶的价值根据品质、体积、美感的不同而相差较大。由于天然水晶的开采和制作方面的局限性，很难得到没有瑕疵的水晶。在目前的市场上，能得到 A 级的天然水晶已经比较不容易了。

水晶手镯

水晶时尚插梳

水晶饰品的选购

》首饰类

首饰原指头上的饰物，现多指人们佩戴在头、手、颈、耳上的饰品。首饰根据佩戴的位置分为头饰（头箍、发针、发卡、发插、发带）、耳饰（耳坠、耳环、耳钉、耳钳）、鼻饰（在嘴唇上穿洞系骨片，在鼻孔上穿洞系环等风俗）、颈饰（项链、串饰、挂件、长命锁、念珠、朝珠、挂坠）、手饰（戒指、指环、扳指儿、手串、手镯、手排、臂镯）、脚饰（脚串、脚趾戒、脚镯）等。

水晶鞋

蓝色水晶戒指

戒指

水晶戒指

　　水晶戒指的款式有爪镶、单颗粒镶、群镶和包边镶。所镶的水晶叫作戒面，戒面有刻面的，也有弧面的，款式层出不穷。我们现在常见的水晶戒指的款式有豪华富丽型、大方简约型，还有极具个性的艺术型、花型。豪华款水晶戒，演绎高贵淑女风格，主要由单粒色彩艳丽的水晶配镶钻石，以K金或纯金制作底托镶嵌。大方简约型水晶戒整体造型简约精致，细看之下，每颗水晶的切割面都拥有如同钻石般的光彩，透出一股温婉动人的气质，单粒镶的戒指则突出单个水晶的特点。艺术型水晶戒造型夸张，为追求个性的人群所钟爱。花型水晶戒的水晶可多粒群镶成各种花形或各种几何图案等自然造型，心形、桃形或是小花造型最为经典。

选购戒指时，手指修长的人应选择粗线条的款式，如长方形、方形等，更加突出手的秀美；短小的手指最好搭配比较修长的戒指，并且最好为对称型，如梨形、橄榄形或椭圆形，这样可以弥补手指短小的缺陷；手指较粗的人切忌选择过大的戒指，否则会显得手型更加粗笨。

水晶戒指

水晶戒指

耳饰

水晶耳饰多见耳坠、耳环、耳钉。可以通过耳饰的长短、形状、款式来调节人的视觉，达到美化形象的目的。大约在公元前 3000 年，古埃及就已经开始使用水晶耳环了，王公贵族将耳环作为权力的象征，谁佩戴的耳环价值更高，谁的权力就更大。英国在文艺复兴时期开始盛行佩戴耳环，当时无论男女都把佩戴耳环当成一种礼仪，不管是水晶、珍珠、黄金、钻石，还是其他宝石，都广受欢迎。进入 19 世纪以后，欧美开始使用水晶、小粒珍珠或石榴石之类的珠宝制作耳饰。

水晶耳饰可以选购大的、夸张的，也可以选购小巧精致的，小动物形、花形、几何形等水晶耳饰可以满足年轻人追求新、特、奇的心理。

黄水晶耳坠

茶色水晶耳坠

紫水晶耳环

手镯

　　手镯，也叫"钏""手环"等，是一种戴在手腕上的环形装饰品。手镯除用金、银、水晶、玉制成之外，还有用植物藤制成的。手镯的历史由来已久，据相关文献记载，手镯最早起源于母系社会向父系社会过渡时期。在古代社会，不管男女都要佩戴手镯，女性戴手镯作为已婚的象征，男性戴手镯则作为身份或工作性质的象征。此外，在古代社会，人们还认为戴手镯可以趋吉避凶。

紫水晶手镯

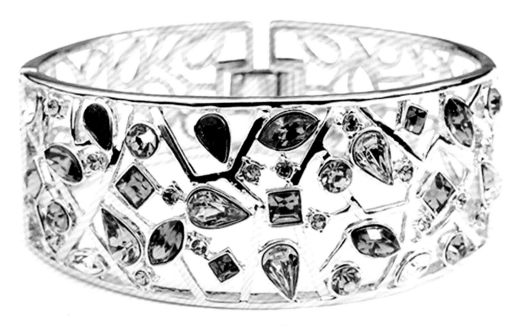

水晶手镯

925银天然紫水晶手链

古代社会对手镯的个数没有严格规定，可以戴一只，也可以戴两只、三只，甚至更多。如果只戴一只，应戴在左手上而不是右手上；如果戴两只，则可以左右手各戴一只，或都戴在左手上；如果戴三只，就应都戴在左手上，不可以一手戴一只，另一手戴两只。如果戴手镯又戴戒指时，则应当考虑两者在式样、质料、颜色等方面的和谐与统一。

天然水晶手镯

水晶手镯

Rock Crystal

钻石 宝石 **水晶**

　　水晶手镯中常见的有芙蓉石手镯、白色水晶手镯、发晶手镯等，其他有颜色的手镯较少。挑选手镯最主要的是要看手镯上有无裂纹，最忌讳的就是手镯上有裂纹，尤其是垂直于手镯的裂纹。如果买到带裂纹的手镯，日后很容易碰撞断裂。发晶手镯里的发晶越多、越顺，则手镯越好，当然透明且没有瑕疵最好，好的发晶手镯也是非常昂贵的。选购手镯时还应注意手镯内径的大小，手镯的圈口不能太大或太小。过小不容易摘取，还会因紧贴腕部皮肤引起不适之感，甚至影响血液流通。过大则容易脱落摔坏，而且也不美观。戴上后手镯和手腕距离 5 毫米最为恰当。

黄水晶手镯

华丽蜕变

水晶

钻石·宝石·水晶形成、开采加工与成品 •

手串

手串是一种中性化的饰品，不论男女都可佩戴，可以根据个人喜好选择不同的颜色。现在的水晶市场上最畅销的饰品莫过于水晶手串，主要因为它晶莹剔透的质感和丰富多彩的颜色。手串就是把珠粒状宝石打眼穿起来，这种水晶手串有单一颜色的、多种颜色的，还有发晶的、钛晶的等。单一颜色的水晶手串有白晶手串、紫晶手串、黄晶手串、烟晶手串、芙蓉石手串等。多种颜色的水晶手串有紫黄晶手串、红黄绿发晶（也叫福禄寿）手串等。

手串上的珠子一般为18粒，根据手腕粗细和珠子的大小，粒数可以不同。男士常选黄发晶、钛晶或烟晶手串，女士常选用紫晶、黄晶、粉晶、红黄绿发晶、黄发晶和钛晶手串。

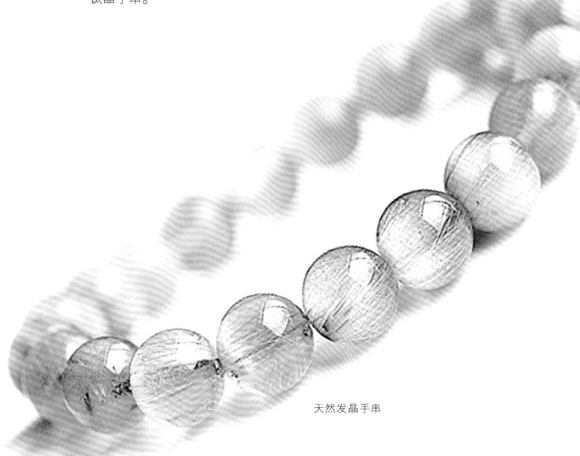

天然发晶手串

Rock Crystal

钻石　宝石　**水晶**

天然紫水晶手串

天然黑发晶手串

天然紫水晶发晶草莓水晶圆珠手串

黄色水晶钻石项链

项链

项链可彰显女性的迷人和妩媚。水晶项链的种类繁多，有镶宝石项链、串珠项链、悬挂项链、垂饰项链，还有可以绕颈几圈的长项链和紧贴颈部的短项链等。珠状项链现在是市场上的主流项链，珠粒的形状各异，有灯笼状、足球状、菠萝状等，串串异彩纷呈，无色的、紫色的、烟色的、茶色的、墨色的，应有尽有。中国女性素有佩戴水晶项链的传统，可根据自己的脸型、个性及服装选购相应的水晶项链。恰当地佩戴项链对于改变

925 纯银天然紫水晶项链

脸型的视觉效果有一定的作用，可弥补佩戴者脸型的视觉效果的不足，使其更加美观，而不是去强调水晶本身的特点。长脸细脖子的人戴上一串水晶项链或花链，会给人脸型变宽和脖子变粗的感觉；而一个圆脸或脖子粗、短的女性戴上一串长项链，或里面配上一串较细小的项链，或坠上一颗"鸡心"坠，会使人感到脸部轮廓拉长，从而产生一种和谐感；椭圆型脸蛋的人，无论佩戴哪种项链，都会显得更有魅力。

Rock Crystal

水晶项链

钻石水晶项链

水晶项链

紫晶钻石 18K 金项链

巧戴水晶项链别有乐趣，可将水晶项链套在手腕上，当作手链佩戴。另外，长项链可作为手串、脚链佩戴。也可将水晶项链缠绕在秀发上，替代发卡。这不仅是一种使用方式的拓展，更是一种观念的更新，体现了一物多用的理念。

》装饰类

水晶在中国古代被广泛用于装饰。清王朝把水晶制成印玺，缀穿成朝珠。

现如今，水晶的装饰类制品包括：在衣衫和领带上镶的水晶，用水晶制的衣服扣子，还有较为常见的水晶灯、水晶门帘等，其中最常见的要数水晶制眼镜，尤其是夏天的墨镜，它不仅能保护人的眼睛不受太阳光的伤害，而且给人以清凉的感觉。除此之外，还有水晶手把件、水晶手机链、水晶文具、水晶车配挂件、水晶碎石、水晶手表等。

Rock Crystal

钻石 宝石 **水晶**

水晶手表

水晶胸针

玫瑰水晶胸针

》服饰类

　　现在常见的水晶服饰类饰品有胸针、领带夹、腰带、腰间挂件等。胸针是女性的饰品。领带夹则是男性的专属品，既有固定作用又能起到装饰作用，一款漂亮的领带夹能使人显得气质高贵，因此深受男士的青睐。不管是胸针还是领带夹，选购时一定要注意和衣服的搭配，这样更能体现它们的装饰作用。水晶腰带一般都是用水晶珠或片状水晶穿起来的，也有把水晶镶嵌在布料或皮上制成的。腰间挂件就是现在市场上的手把件，可将其挂于腰间，寄托一种美好的愿望。

》摆件类

中国制作的水晶摆件自古有之，并且在国际珠宝界享有盛誉。水晶摆件主要用来观赏，一方面可增加居室的美观和典雅，另一方面可欣赏摆件的意境和大自然的奇特。紫晶晶洞、水晶晶簇是水晶的原石，不曾经过任何人工雕饰，其他摆件则是经过艺术大师精心制作而成。水晶摆件一般都配有木底座，木底座既可以增加摆件的平稳性，又能提高摆件的价值。市场上最常见的水晶摆件有紫晶晶洞、水晶球、水晶晶簇、黄晶晶洞、聚宝盆、招财树等。

天然水晶鲤鱼雕花摆件

龙凤呈祥茶体发晶摆件

水晶饰品的保养

不管是水晶饰品还是水晶摆件，大多晶莹光洁、玲珑剔透，让人爱不释手。对于水晶的保养，有几个需要注意的方面。

1.防摩擦、防刻画

不要和其他饰品一起放置或佩戴，避免相互碰撞摩擦，造成裂痕和划痕。

2.防腐蚀

水晶的性质其实是很稳定的，但水晶上的裂隙或其他伴生矿物的性质会发生改变，所以应避免与强酸、强碱及其他腐蚀性化学物品的接触，否则这些化学物质就会沿着裂纹腐蚀水晶。

发晶情侣手链

3.防碰撞、防摔打

水晶表面光亮如镜，应尽量避免汗渍、油垢、尘埃沾染，否则容易失去光泽。每次佩戴首饰后，可用性质温和的肥皂水及软毛刷轻刷，这是最简单方便的清洁方法，也可用清水轻轻冲洗首饰。清洗后的首饰，放在不含棉绒的毛巾上风干。大型摆件可以放在一个安全的地方，如果上面有灰尘，可用不含绒毛的布料轻拂除尘，也可用水直接冲洗，然后放在阴凉的地方自然晾干。水晶的硬度高，脆性也大，不能用力撞击或使之从高处跌落，也不要重压，以免碎裂。在搬运大型水晶摆件或器皿时，应抓紧水晶的底座或整个水晶摆件，不要只搬水晶的顶部和外沿部位。

4.防高温

不要把水晶饰品突然放入高温的水中，高温容易使水晶产生大的裂纹或褪色，给水晶造成不必要的损伤。紫晶饰品应尽量避免高温加热与放射性辐射，以保持颜色和光泽如初。水晶饰品还应避免在阳光下暴晒或强光直射，防止褪色。放在珠宝陈列柜中的水晶也要避免强光长时间直照，否则有水胆的水晶可能会失水，有颜色的水晶会褪色。

水晶鉴别方法

1.眼看：天然水晶在形成过程中，往往受环境影响，会含有一些杂质，对着太阳观察时，可以看到淡淡的均匀细小的横纹或柳絮状物质。而假水晶多采用残次的水晶渣、玻璃渣熔炼，经过磨光加工、着色仿造而成，没有均匀的条纹、柳絮状物质。

2.光照：天然水晶竖放在太阳光下，无论从哪个角度看它，都能放出美丽的光彩。假水晶则不能。

3.舌舔：即使在炎热夏季的三伏天，用舌头舔天然水晶表面，也有冷而凉爽的感觉。假的水晶则无凉爽的感觉。

时尚水晶手链

4.硬度：天然水晶硬度大，用碎石在饰品上轻轻划一下，不会留下痕迹；若留有条痕，则是假水晶。

5.用二色检查：天然紫水晶有二色性，假水晶没有二色性。

6.用偏光镜检查：在偏光镜下转动360度有四明四暗变化的是天然水晶，没有变化的是假水晶。

7.用头发丝检查：将水晶放在一根头发丝上，人眼透过水晶能看到头发丝双影的，则为天然水晶，因为天然水晶具有双折射性。

8.用放大镜检查：用十倍放大镜在透射光下检查，能找到气泡的基本上可以定为假水晶。

9.用热导仪检测：将热导仪调节到绿色4格测试，天然水晶能上升至黄色2格，而假水晶不上升，面积大的假水晶也只能上升至黄色一格。

水晶的评价要点

水晶的评价依据主要为颜色、透明度、大小、净度、特殊图案及是否有光学效应等。以颜色纯正，浓度较高，内部无瑕为好。种类方面紫晶最贵，其次为黄晶、烟晶、无色水晶和芙蓉石。有特殊光学效应的水晶的价格更高。

Rock Crystal

钻石 宝石 **水晶**

水晶莲花摆件

水晶佛像

》颜色、透明度

一般而言，紫晶和黄晶是水晶中价值较高的品种，颜色较深的为 A 级，稍浅的为 B 级。一般颜色较深的价格高，但要以不深暗为标准。颜色包括两种，一种是水晶本身的颜色，另一种是内部包裹体的颜色。水晶本身的颜色要艳丽、纯正，分布要均匀，不能太深或太浅，如澳州玉、蓝玉髓、紫晶、黄水晶，其价格就高。无色的水晶内含包裹体的颜色艳丽，其价格也高，如钛晶、绿幽灵、红兔毛。紫水晶一般以稍有云状物、颜色深紫、晶体通透的为上品。

按照透明度指标，水晶越透明，价格越高，好的透明的水晶加工出的成品晶莹剔透、光辉耀眼。透明度高的水晶能提升颜色的艳丽度，透明度低的水晶则显得呆板无灵性。光学水晶要求全透明、无双晶、无杂质。工艺水晶要求透明、少裂痕、少瑕疵。熔炼水晶要求透明，可有较多裂纹。三者价值依次降低，熔炼水晶只能作为熔炼水晶玻璃的原料。在工艺水晶中，晶体较大的，可用来做水晶眼镜和雕刻高档工艺品，因而价格较高。

》特殊图案及包裹体

玉石纹理如果能形成美丽的花纹、图案，其价格就高，如玛瑙内红白相间的色带有规律地排列，形成缠丝玛瑙时，再如碧玉中的不均匀颜色形成风景图案时，材料的价值将提高。当水晶内包裹体形成美丽的图案时，如幽灵水晶、风景水晶，或者针状包裹体呈束状排列时，其价值都高于普通的水晶。图案越美观、越有意境越好。

发晶的价值取决于发的颜色、罕见性及大小，一般是发色鲜艳、块度大的价格高。水胆水晶的价值主要取决于水胆及晶体的大小、透明度的高低。如果水胆较大并有一定形态，便可加工成较为珍贵的工艺品。另外水胆中的水也有一定的科学研究价值，通过它们可了解几百万年前地球上水的成分及变化。

水晶雕猴图鼻烟壶

》 块体大小

　　水晶的价值还与块体大小有关，同样的颜色和净度级别，块越大越难得。有时候质量级别虽然低一些，但块体够大，也可能价格高于高级别的小晶体。

》 净度

　　无色水晶以晶莹美丽、洁净透明著称。衡量无色水晶主要看它的纯度，越纯、越透明越好。干净的、无瑕疵的、杂质少的价值就高。无色的水晶如果很脏，就没有利用价值。

》质地

杂质、裂纹越少越好。质地好的水晶制品，应看不到星点状、云雾状和絮状分布的气液包裹体或组成玉石的颗粒。有裂纹、斑点，则属于次品。

18k 金钻石对戒

● 总 策 划

王丙杰　贾振明

● 责任编辑

张　帆

● 排版制作

腾飞文化

● 编 委 会（排序不分先后）

玮　珏　　苏　易　　张　羽

丁　莉　　杨明月　　陈秋影

庄新飞　　胡　飞　　王海威

● 责任校对

李新纯

● 版式设计

张　婷

● 图片提供

王　军　　刘夏阳　　赵洪亮

http://www.nipic.com

http://www.huitu.com

http://www.microfotos.com

华丽蜕变